国家地理
动物百科全书

ANIMAL ENCYCLOPEDIA

爬行动物

蜥蜴·鳄鱼

西班牙 Sol90 出版公司◎著
董青青◎译

U0155984

山西出版传媒集团 山西人民出版社

目录
CATALOGUE
ANIMAL ENCYCLOPEDIA

"谋略家"爬行动物

各个阶段的饮食

　　为了支撑其庞大的体形，尼罗鳄经过进化，拥有了强有力的牙齿、巨大的颌骨以及异乎寻常的力气。幼年尼罗鳄的食物包括鱼类和两栖动物；成年后主要捕食大型哺乳动物。

树枝间的生活

　　变色龙几乎不下到地面，大部分时间都在树上或其他植物上静止不动地掩藏好自己，等待猎物出现在自己的掌控范围内。这里，一只高冠变色龙（*Chamaeleo calyp-tratus*）在葡萄枝卷须间活动。其尾巴和四肢的构造似乎专为有效地攀爬而设计。

被欺骗的捕食者

　　在捕食活动中，枯叶平尾壁虎不论是体形还是力气均不占优势。如果捕食者是角叶尾守宫（*Uroplatus phantasticus*），那么这些捕食者便会成为它们这些生存特技的受害者。它们模仿枯叶的能力令人叹为观止，可以变得几乎完全看不出来。

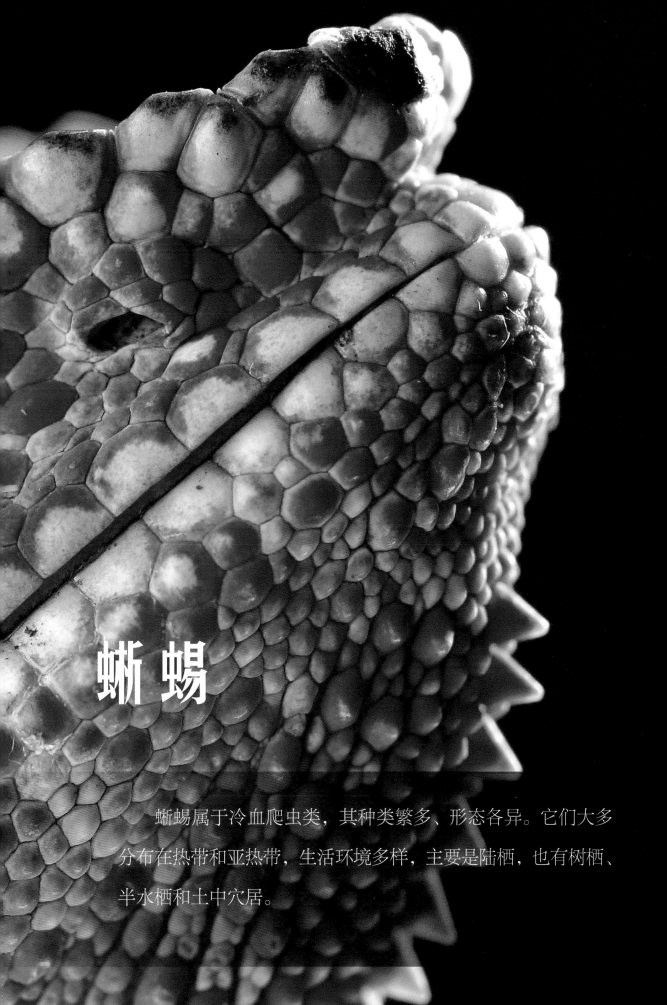

蜥蜴

蜥蜴属于冷血爬虫类，其种类繁多、形态各异。它们大多
分布在热带和亚热带，生活环境多样，主要是陆栖，也有树栖、
半水栖和土中穴居。

什么是蜥蜴

现在的大部分爬行动物都属于蜥蜴类。它们皮肤干燥粗厚，由形状各异的鳞片组成。松果体眼睛位于头部背面，可以感知光线并调节生物钟。头部颅骨可以活动。雄性有一对交接器。有些蜥蜴可以使尾巴脱落来转移捕食者的注意力。四肢较短，有些只有部分四肢或者完全没有。舌头形状因种类不同而发生变化。

门：	脊索动物门
纲：	爬行纲
目：	有鳞目
科：	20
种：	5461

一般特征

蜥蜴代表了一个爬行动物群体，它们遍布在除南极洲之外的地球上的任意一个角落。包括很多不同的种类。它们的体形差异很大，有几厘米长的壁虎，也有长达 3 米的科莫多巨蜥。皮肤表面覆有微小的鳞片和角质层。体形细长，有一条长长的尾巴。大部分蜥蜴具有四肢，但是仍有一些只有两足，有的甚至完全失去四肢，比如慢缺肢蜥，只保留着四肢的印痕。大部分蜥蜴的眼睛都有可动的眼睑。视力特别发达，有些种类可以分辨色彩。皮肤会因环境变化或情绪激动而改变颜色。其中最具代表性的就是变色龙。其喉部下方的皮肤具有明显的色彩，在受到威胁时会展开。除了皮肤颜色之外，它们还会利用身体姿势和动作进行交流，尤其是在吸引或者赶走伴侣的时候。它们的心脏具有两个心耳和一个没有完全分离的心室。有泌尿膀胱和泄殖腔。以昆虫和啮齿目动物为食，有的种类可以吃植物。只有一种蜥蜴（毒蜥科）含有剧毒，如希拉毒蜥，不过近期的研究指出，科莫多巨蜥的颌骨也有可能带有毒腺。

种类的多样性

现已发现 20 个科的蜥蜴。鬣蜥即旧大陆的鬣蜥科，主要分布于非洲、亚洲及大洋洲，代表物种有摩洛蜥、普通鬣蜥和水蜥。伞蜥因其颈部的皮肤项圈而闻名；飞蜥因其肋部皮肤的伸展，可以在树丛中自由滑翔。美洲鬣蜥科大约有 300 种，其中包括最常见的美洲鬣蜥。其中安的列斯岛绿鬣蜥、变色蜥、海鬣

多样性及普遍性
世界上大约有5461种蜥蜴。因其体色和样子的多变以及顺从性，成为最具魅力的爬行动物，其中很多种类被当成宠物来饲养。

炫目的色彩

蜥蜴的皮肤上具有特殊的色素细胞，颜色可发生变化，使它们可以变成与周围环境相近的颜色。这一特征为其隐蔽自己提供了可能。同时避免被其天敌如无脊椎动物和啮齿目动物发现。此外，在繁殖期，它们皮肤的颜色也会发生变化。

彩虹飞蜥
（ *Agama agama* ）

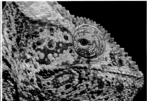

奥力士变色龙
（ *Furcifer oustaleti* ）

杰克森变色龙
（ *Chamaeleo jacksonii* ）

大壁虎
（ *Gekko gecko* ）

蜥和热带美洲鬣蜥最为出名。避役科因其皮肤可改变颜色而广为人知。此外，它们的脚趾呈钳状分布，眼睛位于球状结构之上，可以沿各个方向自由转动。蛇蜥科包括一些慢缺肢蜥，它们的四肢非常短小甚至缺失，和其他蜥蜴一样可以自行将尾巴截断。因为这些原因，它们又被称为水晶蛇。壁虎（守宫）科包括壁虎以及所有的草食性蜥蜴。其脚趾上有丝状物，便于在光滑或者垂直的表面上攀爬。蜥蜴亚目包括有鳞目最著名的一些成员，比如蜥蜴。它们是肉食性的，舌头分叉，尾巴长，四肢发育完全。石龙子科与蜥蜴亚目极为相似，但是前肢短小，有的种类甚至四肢缺失。巨蜥科，如科莫多巨蜥，身体强壮，头部较宽，体形细长而结实，可通过强有力地摆动尾巴来进行自卫。

保护机制

除伪装之外，蜥蜴还有一些其他的自我保护手段，如通过张大嘴巴、摇摆头部、弯曲四肢等来恐吓侵犯者。有些还会用尾巴击打，一些极端情况下还会装死。自行截断尾巴是一些蜥蜴最引人注意的特点，这一现象被称为自截。尾巴可通过软骨管的发展而重生。尾巴对这些爬行动物来说非常重要，因为尾巴作为它们的替补器官，在移动时可用来保持身体平衡。另外，在繁殖期求偶时也会发挥作用。

第三只眼睛

在脑干和大脑半球神经元之间，发育了一种可以分成两部分的分泌腺。其中一个名为松果体，位于脑神经元旁边。另一部分为副松果体，在一些蜥蜴中通过颅顶骨的缝隙发育到了脑部表皮。副松果体非常明显地位于一个名为第三只眼睛或者颅顶眼的器官上。颅顶眼由晶状体和视网膜构成，是光传感的，即可以感知光线，可以感知每天及各个季节光线的变化。但是由于该眼睛的视网膜和透镜只是初步发育，因此无法形成图像，看起来就像是一片透明鳞片或头上的一个点。根据所接收的光线，它可以促进激素的产生，尤其是促进繁殖活动的进行。另外，第三只眼睛在体温调节中也可发挥一定的作用。通过观察光线和阴影的变化，当捕猎者从上方靠近时，颅顶眼就可以提前预警。

舌头

可以根据舌头的结构对蜥蜴进行分类。有的种类舌头偏长，可自由伸出，舌尖分叉（与蛇类似）。有的种类舌头粗厚多肉，不能自由伸出。还有些蜥蜴的舌头特别长，可自由伸出，舌尖粗大。

嗅觉

舌头参与饮食活动，并负责获取气味分子，并将其传到雅各布森器官。

短舌
短且粗厚多肉的舌头并不特别，如壁虎。

长舌
舌头极长且能够迅速伸展，这是变色龙独有的特点。

分叉舌
分叉舌的基本功能就是具有嗅觉，比如科莫多巨蜥。

自我保护策略

为了安然无恙地躲开捕食者，蜥蜴、壁虎和石龙子有一些独特的行动策略，使它们可以逃脱、隐蔽或者吓跑敌人。这些动物普遍使用的一个策略就是自行截断尾巴。另外，它们还会通过伪装，或采用一些迷惑手段，或用转移攻击者注意力的姿势来实现自保。

自截能力

当捕食者抓住蜥蜴、石龙子或者壁虎的尾巴时，它们会自己截断尾巴，避开捕食者。这一自我保护策略名为自截。它们的尾巴会重新生长，但会变得更短（因此，这一保护机制是它们万不得已时才会采取的手段）。脱落的尾巴会扭动一段时间，转移捕食者的注意力，以便其身体逃脱。

缺点
壁虎会因自截而付出一些代价：影响速度因为尾巴的丢失会影响身体的平衡

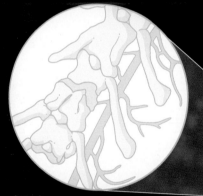

重生
当尾巴重新长出时，再生的部分将会因软骨条而变得牢固

断裂点
尾巴的断裂是在一些预先的断裂点上发生的。有些种类的断裂点分布在尾椎上；有些种类则分布在脊椎中心的一些较弱的点上

少量的血
被切断的动脉周围肌肉的收缩减少了血液的流失。

肌肉收缩
爬行动物可收缩一个或几个断裂点的肌肉，使尾巴脱落

喷射血液
眼睛附近的毛孔可以喷射气味难闻的血液。这一方法使德州角蜥能够赶走狼、郊狼或者狗群。

刺状头部
虽然喷射血液可以赶走靠近的捕食者，但是伪装和刺是它们的第一道防线。刺冠使它们对所有的攻击者来说都是一个难以食用的猎物

飞行和逃跑
飞蜥身体两侧的皮肤宽大松弛并带有褶皱，可以像翅膀一样展开，使它们可以在树林里自由滑翔，躲避危险

适应滑翔
可以移动的肋骨能够展开并支撑带有褶皱的皮肤。强壮的趾甲可以确保它们安全着陆，并滑行8米的距离。另外，伪装也是一种自我保护方法

吐舌
为了吓跑捕食者，蓝舌
石龙子会伸出自己蓝色
的舌头，这也是其名字
的由来。

无措
当不能自行调节体温时，
面对气候变化，蜥蜴会显
得茫然无措。

豹纹守宫
（ *Eublepharis macularius* ）

带有爪子的四肢
这是此种守宫独有的
特点，使它们能够在
石头或树枝上攀爬，
便于逃离危险

30 分钟
据统计，30 分钟是壁
虎截断的尾巴可以自
由移动的最长时间。

安全姿势
当觉察到威胁时，犰狳环尾蜥会将自己卷成一团，用强壮的颌骨
将尾巴固定 这样的姿势让它们看起来像是死了一样，以便捕食
者将其忽略

鳞片球
这只犰狳环尾蜥的身
体、四肢和尾巴都被一
排排鳞片包裹 当它将
自己卷起来时，就像一
个立起来的刺状甲壳
这一办法可以使它们在
空旷的地方幸存

1 自截
在面对攻击时，豹纹守宫会将尾巴
与身体分离

2 尾巴的自由摆动
截断的尾巴会自动地来回移动，吸
引捕食者的注意力，以便其身体逃脱

3 尾巴的再生
失去的尾巴会重新生长，但是鳞片
和颜色会有所不同。

栖息和饮食

蜥蜴可以通过守候猎取猎物。有些甚至能够击倒大型草食动物和人类。大部分为卵生。与鸟类和哺乳动物不同，幼蜥的性别与染色体无关，而是取决于温度。刚出生的蜥蜴由父母照顾，这点在其他爬行动物中并不常见。身体细长并覆有鳞片。一般有四肢，尾巴长。

栖息

蜥蜴的栖息环境非常多样。墨西哥盲蜥生活在地下，它们没有四肢，可以居住于石头和腐烂的树木底下。砂鱼蜥可以在沙子里像游泳一样活动，即将四肢贴到体侧，身体呈波浪状移动。沙丘小蜥蜴会将自己埋进沙子里，以躲避捕食者，为了完成这一动作，它们可以利用瓣膜关闭自己的外鼻孔。有些蜥蜴是沙漠地带所特有的，如纳米比亚荒漠蜥蜴，它们的头很尖，呈铁锹状，便于将自己埋进沙子般松软的底土层中。大部分变色蜥生活在树上。变色龙已经很好地适应了在树丛中穿梭的生活，因为它们发育完全的爪状脚趾像钳子一样排列，便于在树干和树枝上爬行，以及抓住猎物的尾巴。黄斑蜥蜴可以在牧草丰盛的地方生存，在那里捕食一些小型脊椎动物。有些种类生活在多岩石区域，如犰狳环尾蜥，身体呈黄棕色，和它们所居住的环境相似。还有一些生活在淡水水体中，其特点与栖息环境相关，如鬣蜥、河蜥和凯门蜥，它们可以游泳，也可以在水面上奔跑，以躲避追捕者。有些是生活在海洋里的代表性物种，如海鬣蜥。有些甚至还出现在人类的住宅区，比如普通壁虎就可以进入人类居住的房子里。

饮食

大部分蜥蜴以昆虫为食，但是也有一些完全以果实和植物为食，并且是这方面的饮食专家。德州角蜥和摩洛蜥专吃蚂蚁，因此，它们的舌头和食蚁兽一样，又长又黏。该目中舌头发育最完全的就是变色龙。舌头长度可以超过体长，有的甚至可达 1 米。舌头被高速甩到一些小型猎物（如昆虫）身上。这些猎物会粘在它们粗厚的舌尖上。有时它们也会用其他方法捕食小鸟和一些小型蜥蜴。在用舌头击打猎物的几毫秒之前，粗厚的舌尖会形成一个吸收肉垫。当舌

极端环境

土壤内部是蜥蜴生活的极端环境之一。它们能够做到这点得益于身体对环境的适应（如四肢缺失、眼睛微小），这使它们可以在土壤中挖掘通道。另一种栖息环境在海中，这一点归功于它们眼睛下方的泄盐腺。高浓度的盐水滴到鼻孔，然后在那里通过呼吸排出。

海中

加拉帕戈斯岛的海鬣蜥是现今唯一一种生活在海洋里的蜥蜴，以海藻为食。

地下

墨西哥盲蜥因四肢的缺失和细长的体形，可以在地下生活。

头的这一部分碰到猎物时，它们的肌肉便会收缩，加快吸收。北部凯门蜥的居住环境离不开水，以蜗牛和蛤蜊为食。它们用牙咬碎这些软体动物的外壳，将肉分离出来，然后将其他部分吐掉。科莫多巨蜥非常擅长捕猎，它可以将自己的伴侣们聚在一起，围捕猎物。现今只有毒蜥属的蜥蜴擅长用毒液杀死猎物，如希拉毒蜥和珠毒蜥（是毒蜥属独有的两种蜥蜴），可以捕食一些小型哺乳动物，但是它们最喜爱的食物是鸟卵和陆地龟。也有草食性蜥蜴，如鬣蜥，它们的肠内有隔膜，可以延长植物的通过时间，使微生物降解纤维素，帮助其消化。最后是海鬣蜥，它们仅以海藻为食。有的蜥蜴将自己的尾巴作为营养储存器官。在活跃期，它们尽可能多地摄取食物，并将多余的脂肪储存在尾巴中。到了食物匮乏期，依靠这些储存，它们便可以生存。因此，可以根据其尾巴的厚度来判断它们的营养状态。

林地之下
蜥蜴实际上可以在各种环境中生存，但是在热带地区更为多见

多样的食物
　　大部分以无脊椎动物为食。少数种类捕食小型脊椎动物，还有些蜥蜴吃植物和其他动物的卵。

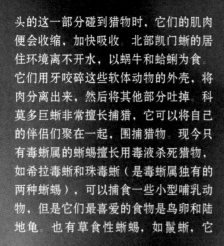

喷点变色龙
（ *Chamaeleo dilepis* ）

鬣蜥

门:	脊索动物门
纲:	爬行纲
目:	有鳞目
科:	鬣蜥科
种:	410

鬣蜥科汇集了旧大陆的一些蜥蜴种类,主要分布在亚洲、澳大利亚和非洲(除马达加斯加和新西兰之外),其中最著名的要数龙蜥类。人们经常将其与美洲鬣蜥混淆。它们的栖息环境多种多样,包括树林、灌木丛、沙漠甚至城市。大部分以昆虫为食,在地面或树上生活。

Uromastyx geyri
尼日王者蜥

体长: 35 厘米
保护状况: 未评估
分布范围: 阿尔及利亚、马里、尼日尔

外形
雄性和雌性背部都有明显的突起

体色
雄性的体色比雌性明亮

尼日王者蜥是同种中体形最小、体色最明亮的。其中黄绿色的或橙绿色的最为突出。雌性的体色没有雄性多变。尾巴健壮,且覆有粗厚的鳞片,这也是它们俗名的由来。栖居在海拔 500~2000 米的半荒漠地区的多岩石地带。草食性,成年蜥蜴可以食用各种植物。卵生,每次产卵 8~20 个,由雌性在巢穴中孵化 8~10 周。幼蜥大约在巢中生活两个多月,然后离开并找到自己的巢穴。2~3 年后性成熟。

Trapelus mutabilis
埃及鬣蜥

体长: 8~9 厘米
保护状况: 未评估
分布范围: 非洲北部、阿拉伯半岛、土耳其

埃及鬣蜥是撒哈拉鬣蜥中唯一一种背部鳞片大小不规则的蜥蜴。体色介于灰色和肉桂色之间。中间线上有 4 个或 5 个暗色斑点,这些斑点的中心颜色较亮。腹部呈白色,头部突出:鼓膜隐蔽,因而其吻部短,嘴唇前倾。尾巴后半部分呈圆状,尾端窄且尖。外咽囊的颜色存在性别二态性。雄性喉咙有蓝色的平行条纹,雌性的条纹则呈灰白色。四肢发达,能够快速灵活地移动。栖息于多岩石的荒漠地区,会避开多沙地区。经常出现在平原的金合欢林中。主要在白天活动,夜间躲在石头、树干下面或巢穴中。白天经常面向太阳在石头或树干堆上休息,此时它们的体温调节系统会发挥作用,以便抵御高温。在最冷的时期,个别埃及鬣蜥会冬眠。以甲虫、蚂蚁、白蚁和蠕虫为食,有些还会吃少量的植物。夏季猎物稀少时,它们的体重会急剧下降。在繁殖期,雄性会与多只雌性交配,具有领地意识。雌性产 5~10 枚卵,经过 1 个月的孵化期,幼蜥破壳而出。

Draco volans
斑飞蜥

体长：7.9~8.1 厘米
保护状况：无危
分布范围：印度南部、亚洲东南部

领地意识
雄性通过展开体侧的薄膜来守卫自己栖息的树木和雌性。有时也会张开颈部的皮肤。

体侧有薄膜，使斑飞蜥可以利用风在丛林间滑翔，就像有翅膀一样。与其他飞蜥不同，其翅膀上端有长方形的棕色斑点。下半身颜色为黄色、橙色及深蓝色相混合。雄性颈部皱襞呈亮黄色，而雌性则为灰蓝色。白天活动，但在最热的时候休息。以昆虫为食，会极有耐心地等候蚂蚁或白蚁的经过，然后不动声色地将其咀嚼吞咽。

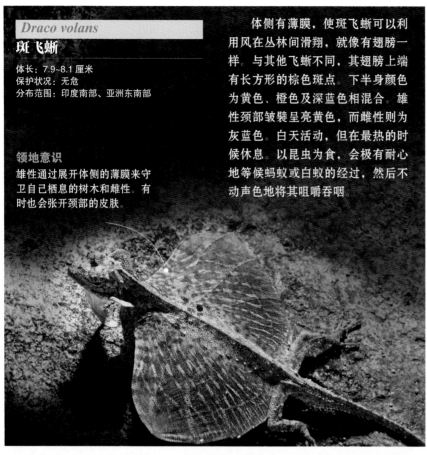

Agama agama
彩虹飞蜥

体长：12 厘米
保护状况：未评估
分布范围：撒哈拉以南非洲

多彩
体色会因温度和活动变化而改变。

彩虹飞蜥的体色独特，由红色和亮蓝色组成，这也是其名的由来。头部和身体区别明显，耳朵呈外孔状，眼睑发育完全。主要以昆虫为食，利用带有黏膜腺的舌头捕食。也会吃一些小型哺乳动物、爬行动物、草、花和水果。交配仪式只持续 1~2 分钟。雌性会在潮湿的沙地上挖一个洞，然后产下 5~7 枚卵（性别取决于温度：在较高温度下孵化的卵最后出生为雄性）。

Hydrosaurus amboinensis
印尼帆蜥

体长：35 厘米
保护状况：未评估
分布范围：东南亚

印尼帆蜥是一种体形较大的鬣蜥。尾巴根部有帆状鳍足。头部小，吻部偏长。皮肤呈棕绿色，有黑色斑点，经常出现在树林或溪流附近。

擅长游泳，身体的进化也适于在水中活动：体侧的扁平长尾巴和带有特殊附属器官的脚趾使它们能够在水面爬行一小段距离而不沉入水中。离开水面后，活动不便且脆弱。

基本以植物为食，但是也会捕食各种昆虫和小型啮齿目动物。

又名帆尾蜥蜴、水龙、水蜥，原产于东南亚，特别是在印度尼西亚的一个群岛——摩鹿加群岛。可存活 15 年以上，每 12 个月产 5~9 枚卵，孵化 65 天后幼蜥出生。雄性一般比较好斗，经常侧立以展示自己的体形。雌性在出现领地争端时，会表现出攻击性。

Calotes calotes
树蜥

体长：9~11 厘米
保护状况：未评估
分布范围：斯里兰卡

树蜥的头部扁平，额头凹陷，眉骨似剑。扁平的身体上覆有大块鳞片，腹部鳞片为坚硬的龙骨状。身体呈亮绿色，背上有 5 道或 6 道黑色、白色或奶油色的条纹，不同个体间会有些差异。雄性头部为棕色、绿色和黄色，在繁殖期会变成红色。喉部鳞片呈剑突状向后排列。交配后，雌性会在地上挖一个洞，然后产下 5~6 枚卵。80 天后幼蜥出生。

腰
腰上有矛尖状背冠，并一直延续到颈部

饮食
白天活动，以昆虫、无脊椎动物和植物为食

Chlamydosaurus kingii
伞蜥蜴

体长：23~29 厘米
保护状况：无危
分布范围：澳大利亚北部、新几内亚岛东南部

伞蜥蜴颈部有一圈带软骨刺的皮肤褶皱，看起来像一个斗篷。

除尾巴之外，身体统一呈棕灰色。尾巴上有暗色条纹，尾端为灰棕色。有些伞蜥蜴不是灰色而是深红色。

树栖性，只在觅食时会从树枝上下来。肉食动物，食物主要包括无脊椎动物和小型哺乳动物。

在雨季开始时交配。雄性在向雌蜥求偶时，会展开颈部的褶皱，发出有节奏的哨音，并在其周围跳舞。雌性平均每次产卵 8 枚，孵化期长达 70 天。旱季时冬眠，体温降低，几乎不活动。

自卫
浅黄色颈部褶皱直径可达25厘米。

Pogona barbata
东部鬃狮蜥

体长：75~85 厘米
保护状况：无危
分布范围：澳大利亚东部及东南部

东部鬃狮蜥身体侧面有一排刺，咽囊边缘也覆有像胡须一样的尖状鳞片。强壮的身体呈灰色或黑色，有时也会变成棕色。当进行侵略性活动或者调节体温时，体色会发生变化。

白天活动，半树栖性，经常在树干或树枝上晒太阳；在最炎热的时候，会从树上下来，躲到阴凉处。

雄性有很强的领地意识，通过展开鬃须或者露出黄色口腔来守卫自己的领地和雌性。经过进化，上下颌颌骨含有毒腺。

杂食动物，吃各种昆虫、小型脊椎动物如老鼠、蛇和小蜥蜴。也会吃水果、小树叶、花和浆果。

这种蜥蜴不论是在动物园还是野生栖息地，在湿润的树林还是干燥的灌木丛，都可以存活，寿命一般为 4~10 年。2 岁时性成熟。交配后 1 个月雌性在用湿润沙子覆盖的洞穴中产卵，平均产 20 枚。经过 60 天的孵化，幼蜥出生。父母不负责照顾幼蜥。

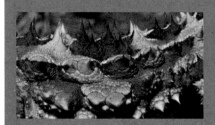

Moloch horridus
澳洲魔蜥
体长：7.8~11 厘米
保护状况：未评估
分布范围：澳大利亚中部和西部

难以吞咽
澳洲魔蜥受到威胁时，会将自己的头部折叠在两个前脚之间，亮出颈部后面的巨大刺棘。如此，捕食者会难以将其捕捉和吞咽。

澳洲魔蜥是鬃蜥科中外形最奇特的种类。整个身体都裹着一个带刺的甲壳，甚至腹部也有锥形的鳞片。皮肤颜色在一天之内会发生变化：早晨为棕色或橄榄绿色，随着气温的升高，渐渐变成黄色。与雄性相比，成年雌性更加强壮，体形也更大。雌雄体形都会不断变大，直到 5 岁。只吃用舌头捕来的蚂蚁。每分钟可以吃 45 只蚂蚁，每天可以吃 600~3000 只。它们的牙齿排列得像一个切割工具，使其能够咬碎昆虫带有几丁质的坚硬甲壳。经常会有线虫寄生，这些线虫一般通过蚂蚁寄生到澳洲魔蜥身上。

可以通过改变姿势来调节体温。通过增加身体与温热地面的接触面来提高体温，反之，也可通过减少接触来降低体温，如用后肢支撑，并将前肢靠到树干上。

栖息于荒漠，偏爱多沙的地面，避开多石或坚硬的地区。

有可以用皮肤来饮水的奇异能力：下雨或者环境湿润时，掉落到皮肤上的水可以通过细小的毛细血管传到嘴中，这样它们就可以在最干旱的地区生存了。

在秋季的 3 个月中最为活跃，在冬末到夏初的 5 个月中交配产卵。雌性在 11~12 月间产 3~10 枚卵，2~3 个月后，幼蜥会破壳而出。幼蜥的外形和成年澳洲魔蜥非常相似，幼蜥行动缓慢，行走过程中时常会休息一段时间。

适应
棕色和金黄色的斑点也是它对环境的适应。

皮肤刺
顶骨上的两个刺状骨质延伸，看起来像两只角。

变色龙

门:	脊索动物门
纲:	爬行纲
目:	有鳞目
科:	避役科
种:	185

避役科物种舌头很长，可以远距离捕食猎物。此外，它们的体色可以发生变化。这些变化是由其神经系统控制的。受光线、温度和情绪状态的影响，色素会收缩或扩散造成肤色的变化。分布于非洲大陆和马达加斯加，但是也有少数种类生活在亚洲。此外，还有一种生活在欧洲南部。

Chamaeleo calyptratus
高冠变色龙

体长: 50~60 厘米
保护状况: 未评估
分布范围: 也门、沙特阿拉伯

锋利的爪子
高冠变色龙的每只脚上有两个脚趾，每个脚趾上都有锋利的爪子，这使它们能够快速地攀爬树干而不坠落。

高冠变色龙的头骨巨大，高度可达 10 厘米。两性之间存在很大差异。雄性体形更大，身体呈绿色或鲜艳的绿松石色，缀有金黄色条纹，同时这些条纹上还分布着黑的螺旋状花纹，冠顶或颅骨也比雌性大。雌性体色为淡绿色，分布有肉桂色、橙色或奶油色斑点。

树栖性，一般以昆虫为食，旱季时会吃树叶以获取水分。个性胆怯，具有领地意识，有时也会有侵略性。面对威胁时，它们会采用胎儿的姿势，体色变暗且保持不动，伪装死亡。

雌性交配 1 个月后产卵。每次产卵 35~85 枚。每年可以交配 3 次。

Furcifer oustaleti
奥力士变色龙

体长: 65~80 厘米
保护状况: 未评估
分布范围: 马达加斯加

奥力士变色龙和国王变色龙是避役科体形最大的物种。奥力士变色龙是马达加斯加岛特有的一种动物。可以在各种环境中生存，包括干旱的沙地、湿润的海岸和干燥的树林。背脊和喉部都覆有锥状的鳞片。头骨上没有像角一样的附属物，也没有枕骨叶。

雄性体形比雌性大，而且尾巴基部更宽。其饮食包括各种昆虫、鸟类和哺乳动物（如老鼠），有时也会吃一些小果实。

卵胎生，体内可容纳 60 枚卵，妊娠期持续 40 天。

肤色
肤色使高冠变色龙具有高超的模仿能力。

Chamaeleo chamaeleon
地中海变色龙

体长：14.5~16.5 厘米
保护状况：未评估
分布范围：伊比利亚半岛北部、非洲北部

地中海变色龙是唯一一种生活在欧洲大陆的变色龙。

一般为黄棕色，带有暗色条纹，当隐蔽在树叶中时，会变成绿色。身体颜色和纹路会因不同行为而发生变化，如生气、伪装、繁殖、紧张或展现需求。

白天活动，行动缓慢。其饮食策略是静候捕猎，以减少能量消耗。

几乎专吃飞虫，用有黏性的舌头捕食。雌性在繁殖期一般与多只雄性交配。

交配需要消耗大量的体能，会出现 75% 的死亡率。雌性一般将卵埋在土中，每次可产 20~30 枚卵，重量超过自身体重的 50%。

冠
呈半圆形，样子像头盔，可以保护头部。

脖子
脖子短，扭动不便，有皮瓣。

Calumma parsonii
国王变色龙

体长：47~70 厘米
保护状况：未评估
分布范围：马达加斯加东部及中部

尾巴
尾巴长且弯，可抓物，因此它们可以紧紧地粘在树枝上。

彩色
眼睑和嘴唇呈黄色或橙色。

国王变色龙的头部呈三角形，鼻子和眼睛之间有两个疣状肉冠。成年国王变色龙身体基色为绿色、绿松石色和黄色。而幼年国王变色龙为橙色。体侧有奶油色、白色或黄色的斑点。爬行时，四肢会同时沿对角线反向移动，显得特别优雅。

雌性每 2 年交配一次，每次产卵 20~25 枚，孵化期为 20 个月。

Brookesia minima
枯叶变色龙

体长：1.2~1.5 厘米
保护状况：未评估
分布范围：马达加斯加北部及西北部

枯叶变色龙是避役科最小的变色龙，也是爬行纲最小的动物之一。头部扁平，有由三角形鳞片构成的眼窝嵴。体色为绿色、棕色和灰色。常常有类似于苔藓的斑点。雄性体形更加短小，但尾巴更长。

以在丛林枯叶中找到的小昆虫为食，如果蝇。爬到树上只是为了休息。受到威胁时，会自己从树上摔下来并在一段时间内保持不动。雄性求偶时会不断摆动头部及整个身体。雄性会爬到雌性变色龙的背上进行交配。30~40 天后产 1~2 枚卵，3 个月之后幼年枯叶变色龙便会破壳而出。每只枯叶变色龙都有 1 平方米的领地，这一领地禁止其他变色龙进入。

Furcifer pardalis
豹变色龙

体长：40~52 厘米
保护状况：未评估
分布范围：留尼汪岛、马达加斯加东部及北部

扁平的面部
上半部分瘦削扁平，覆有大块鳞片。

　　豹变色龙在马达加斯加及周边群岛的 20 多种变色龙中最为耀眼。在树木稀少的地区或灌木丛中生活。雄性比雌性更加活跃，繁殖期开始时，会为争夺领地而战。

饮食

　　它是一个"机会主义者"：其长舌可以获取的所有猎物。嗅觉和听觉不发达，只依靠其锐利的视觉来寻找猎物。

妊娠和出生

　　雄性会通过改变体色或摆动身体来求偶。交配过后，保存的精液可使雌性连续产 2 次或更多次卵。经过 3~6 周的妊娠期，可产 10~40 枚卵。

性别二态性
雌性体形更小，体色单一，尾巴基部窄小。可以透过它的皮肤看到卵。

多变的体色

　　体色可以呈现多种色调，如绿色、红色、祖母绿等。具有变色龙最显著的特点，即身体颜色和花纹可以随着环境、光线及温度的改变而发生变化。其色调强度的变化也是一种交流和伪装的办法。

肤色
变色龙的多个真皮层中分布着一些特殊的细胞。这些细胞可以调节色质，使皮肤的亮度、色调及花纹发生变化

A 色素细胞表层（载色体）分布着红色和黄色色素。当它们同第二层的蓝色色素融合时，皮肤就会呈现绿色

色素细胞

反射光　　自然光

载色体
鸟嘌呤细胞
黑色素细胞

B 黑色素细胞中含有黑色素，会影响颜色的亮度和强度。红色和橙色的产生不受鸟嘌呤细胞的影响

反射光　　自然光

可以抓物的尾巴
尾巴长而卷曲，可以不用脚就轻松地抓住树枝。尾基部有半阴茎，因此显得宽大肿胀

横向条纹
除了颜色的不同变化之外，豹变色龙所有变化的体色都有一条横穿腰身的白色带状条纹

视力
眼睛呈穹顶状分布在头部两侧。两只眼睛可以不受彼此影响独立转动。

6个月
当豹变色龙6个月大时，体色会变得暗淡，很难区分其性别。

多样的色调

雄性通过自身体色的突然闪烁来吸引异性。当对方已经怀孕时，体色会发生变化，即为拒绝的标志。在不同区域有固定的颜色花纹。

繁殖期
体色不只因地域和光线而发生变化。这只处于交配期的雄性豹变色龙皮肤上的条纹更加鲜明。

四肢的适应
前肢和后肢都有5个脚趾，并分成了两组，3趾为一组，另一组为2趾。因此，能够牢固地抓取物体。

3个脚趾　**2个脚趾**

换皮
豹变色龙可以很快地完全将皮换掉：一只豹变色龙大约用24小时可以完全再生整张皮肤。

伸缩的长舌头

和其他变色龙一样，豹变色龙的舌头可以轻易地伸展拉长，具有黏性。它们会用力将舌头全部伸出以捕捉猎物。特别是一些蟋蟀、蠕虫、蟑螂和飞蛾。舌头为其捕食这些猎物提供了便利，这不仅归功于舌头的黏性，也归功于其老练的吸吮手段。

① 收缩
呈螺旋状压缩在舌头与加速肌间的胶原层储存着推动舌头的能量。

② 伸展
发现猎物时，加速肌取消压缩，舌头被有力地射向目标。

加速肌

骨头
舌头射出器的支撑。

舌头
舌头可以达到与身体等长的长度。

黏性舌尖
舌尖变宽且表面黏腻，可以将猎物固定。

③ 收缩
由于组织的弹性和新一轮的收缩，变色龙可以将带着猎物的舌头卷回到出发点。

收缩肌

发红
体色特点与地域环境相关。红色豹变色龙在马鲁安采特拉和塔马塔夫地区非常常见。

小胡子侏儒变色龙

体长：8 厘米
保护状况：未评估
分布范围：坦桑尼亚东北部

在同属的变色龙中，只有小胡子侏儒变色龙的喉部具有类似于胡子的鳞片。其背部有突出的冠嵴。与同科的其他变色龙相比，小胡子侏儒变色龙的尾巴短小，可以抓物，可以像钩子一样抓住树枝。雄性尾巴稍长。

身体色调单一，尽管也可以变色，但体色总是介于绿色和棕色之间。

雌性可保存每次交配的精液，40 天后产 2~3 枚卵，这些卵受精于不同的交配。需要在湿润的地方孵化。小变色龙 4~5 个月后出生。体长 2~2.5 厘米，以非常小的昆虫为食。

性别二态性
雄性比雌性尾巴长。

伪装
为了不被捕食者发现，会将身体侧向收缩，模仿枯叶。

费瑟变色龙

体长：30~32 厘米
保护状况：未评估
分布范围：非洲东部

费瑟变色龙的头上有扁平的角，上面覆有鳞片，长度可达 2 厘米。此外，脊柱上还有一个角，看起来像一个扁平或锥形的钢盔，顶端或尖锐或圆滑。雌性的角非常小或没有角。

雄性的体色非常多样，有绿色、祖母绿色、黄色、橙色、白色、灰色、黑色和棕色；而雌性只有绿色并带有黄色斑点。

背嵴
背嵴垂直，有许多锥形的小鳞片。

幽灵枯叶变色龙

体长：5~9 厘米
保护状况：无危
分布范围：非洲西部

幽灵枯叶变色龙的身体侧面有一排刺，喉囊覆有类似于胡须的尖锐鳞片。体色为灰色或黑色。

白天活动，经常在树干或树枝上晒太阳。

雄性具有很强的领地意识，在守卫领地和雌性时具有攻击性，会展开胡须并露出深黄色的口腔。经过进化，上下颌有毒腺。

Chamaeleo jacksonii

杰克森变色龙

体长：11~12 厘米
保护状况：未评估
分布范围：非洲东部

角
雄性有角，鼻子上有1个，头部两侧眼睛上方各有1个。经常用角与其他雄性争斗。雌性没有类似的角。

雄性杰克森变色龙头上有 3 个又长又尖的角，其中 1 个在鼻子上，另外 2 个在眼窝前。而雌性面部有 1 个非常小的角，两眼之间有 2 个未发育完全的角。有的雌性也有可能完全没角，或者仅仅只是一些角质鳞片。背上有 17~20 个锥形鳞片，并且由一个简单鳞片分开，形成了一个大的背嵴。皮肤可以呈现出各种色调的绿色。模仿周围的苔藓时会变成灰色。遇到捕猎者的威胁时，会变成黑色。

主要以捕捉到的昆虫、蜘蛛和小蜗牛为食。发现猎物时会保持不动，静待猎物靠近。一旦猎物进入了它估算好的进攻范围，会马上瞄准目标伸出舌头，用黏性的舌尖捕获猎物。

雄性开始求偶时，会一边摆头一边转动眼睛。当雌性接受求偶时，会张开嘴巴，肤色变亮且静止不动。当雌性开始动且肤色变暗时，交配结束。卵胎生动物，妊娠期持续 6~7 个月。雌性每次可以产 20~40 个幼体，其中只有 25% ~30% 可以存活。根据幼体的数目，分娩过程将持续 30 分钟到 4 小时不等。雌性将幼体产在干燥的地面以便细胞膜脱落。刚出生的幼体体长约为 5.5 厘米，5 个月时可以长到 8~10 厘米。9~10 个月之后性成熟。

领地意识很强，当雄性太靠近时会互相争斗。

在肯尼亚和坦桑尼亚地区生活着 3 个亚种。经常出现在树林茂盛的地区或海拔 2500 米的山林。适合的环境温度：白天可达 30 摄氏度，夜晚为 10 摄氏度。一般寿命为 10 年。

嵴
背嵴上有17~20个成对的大块锥形鳞片。雌性背嵴偏小。

颜色
体色一般在深绿色和黄色之间变化。当雄性情绪激动时，头上的鳞片会变成蓝色。

美洲鬣蜥及其近亲

门：	脊索动物门
纲：	爬行纲
目：	有鳞目
科：	1
种：	650

美洲鬣蜥科物种栖息环境多变，从海洋、雨林到荒漠都有分布。这得益于其体形、外观或颜色对环境的一系列适应进化。体长从10厘米到2米不等，尾巴长，一般用于自卫和在爬行时保持身体平衡。

Basiliscus plumifrons
双嵴冠蜥

体长：75~80厘米
保护状况：无危
分布范围：巴拿马、危地马拉、哥斯达黎加、尼加拉瓜、洪都拉斯

双嵴冠蜥的身体呈绿色，并稀疏地分布着一些鲜艳的斑点。雄性的冠嵴一直从头部延伸到尾巴。尾巴上有黑色和绿色相间的环状花纹。

生活在树林、石缝或热带雨林河岸附近的灌木丛中。有领地意识，尤其是雄性。

一整年都可以进行繁殖，雌性一般产4~10枚卵。孵化温度必须高于24摄氏度，随着温度的升高，孵化期逐渐变短，一般为55~105天。

冠嵴
雄性的冠嵴非常明显，而雌性只有头上有冠嵴，并且很小。

Stenocercus fimbriatus
亚马孙枯叶蜥

体长：5~10厘米
保护状况：近危
分布范围：秘鲁、巴西

亚马孙枯叶蜥是一种生活在亚马孙雨林的形似枯叶的小型棕色蜥蜴。四肢颜色暗淡，尾巴和身体等长。四肢上覆有龙骨状的坚硬鳞片。行动敏捷，遇到危险时，会迅速跑开几米，然后一动不动地伪装成枯叶，从而不被发现。此外，其体色和样子与这一地区常见的蚱蟋亚科蟋蟀非常相似。以各种昆虫为食，如蚂蚁、蟋蟀。于1995年被发现，是生活在南美洲的一种蜥蜴。

Iguana iguana
绿鬣蜥

体长：1.5~2 米
保护状况：无危
分布范围：中美洲及南美洲

绿鬣蜥的体形庞大，身体强壮并覆有鳞片。每足有 5 个带有长长爪子的指头。尖刺状冠嵴从颈部延伸到尾巴，高度可达 5 厘米。

尾巴上有黑色环状花纹。尾巴可用来爬行，也可当作鞭子，在危急关头用以自卫。由于自截系统，即通过肌肉收缩自行将尾巴截断，它们可以在必要的时候顺利逃跑。

Anolis carolinensis
绿安乐蜥

体长：15~20 厘米
保护状况：无危
分布范围：美国南部

绿安乐蜥的身体细长苗条，但是脖子较短。指头长且细，且基部有膜片，使其具有黏性，因此可以灵活地爬树。体色可以因情绪、周边光线和温度的影响而从鲜绿色变为棕色。

具有领地意识，好斗，尤其是同类的雄性之间。打斗时，它们会通过剧烈的头部摆动来互相恐吓。

Tropidurus albemarlensis
熔岩蜥

体长：15~25 厘米
保护状况：未评估
分布范围：加拉帕戈斯群岛

熔岩蜥的身体又细又长，雄性比雌性体形稍大。生活在干旱多石的地区，必要时，那里的土壤便于它们隐蔽，而且可以避免气候变化的影响。

一般白天活动，但是会避开中午时段。

雄性控制一片广阔的领地，并同领地内的所有异性交配。雌性在预先挖好的洞内产卵。一年之后，幼蜥出生，它们必须防备蛇和鸟类的攻击。

Cyclura cornuta
犀牛鬣蜥

体长：0.5~1 米
保护状况：易危
分布范围：多米尼加、海地、波多黎各

覆有骨质鳞片。

犀牛鬣蜥的身体庞大强壮。面庞上部有小角，正是因为这一特点，它们被命名为犀牛鬣蜥。背上分布着刺状鳞片，形成了从颈部到尾巴和身体等长的背嵴。此外，颈部有宽大的皱襞。

生活在海岸附近干燥或湿润的多石丛林中。会通过挖通道、寻找缝隙或者中空的树干来获得安全的休憩场所。

Phrynosoma
角蜥

体长：10~15 厘米
保护状况：无危
分布范围：美国、墨西哥

角蜥的外形和蟾蜍相似。头部宽且有 6 个角。体侧和尾巴下面有可以弯曲的刺。身体呈红色或黄色，腹部为白色。

利用迅速且可以缩回的黏性舌头捕食小昆虫。一般以蟋蟀、蚊子、蜘蛛、蟑螂和苍蝇为食。

栖居于有多刺灌木丛或多砂石的荒漠地区。为了躲避严寒酷暑，它们由上而下呈 "Z" 字形不断开挖地道，直到将自己埋进去。有冬眠的习性。一醒来就进入繁殖期。2 岁时性成熟，一般可以存活 15 年左右。雌性在湿润的沙地上产 14~30 枚卵，45~55 天后，幼角蜥破壳而出。

Amblyrhynchus cristatus

海鬣蜥

体长：0.5~1 米
保护状况：易危
分布范围：加拉帕戈斯群岛

成年特点
刚出生的海鬣蜥是成年海鬣蜥的缩影。

不同小岛上的海鬣蜥有明显的差异：在圣费尔南多岛，雄性海鬣蜥重达 11 千克，而在热那亚岛，很少有海鬣蜥体重超过 1 千克。

交配和繁殖

在繁殖期，雄性会为了雌性而激烈争斗。适合筑巢的地方特别稀少，所以经常会有许多雌性共同筑巢，它们在多沙土的巢穴中产 1~6 枚卵。孵化期持续 2~3 个月。幼年海鬣蜥经常躲藏在石缝中，以躲避海鸥和其他鸟类的攻击。

保护

由于捕猎、栖息地的污染以及因厄尔尼诺现象引起的数目剧减，这一种群目前处于极度危险的状态。

集体晒太阳
在入水之前或之后，几只海鬣蜥会聚在一起晒太阳，以此来提高体温。

海洋生活

栖息环境与其他种类大不相同：大部分时间在海中度过，潜入水中觅食。可以适应水域环境，加拉帕戈斯海鬣蜥能够承受海水的冰冷，并且体内有减少多余盐分的腺组织。游泳时，心跳会变慢，从而减少体内热量的流失。

带有鳞片的背
除了背上的冠嵴之外，为了美观，它们的背上还有鳞片、结节和锥形突起

暗淡的体色
可以吸收更多的太阳热量，以抵抗海水的冰冷。

四肢
海鬣蜥的四肢相对较长并且强壮，脚趾上有坚硬的爪子

海内及海外

体形较大的海鬣蜥在海中以海藻为食，但是年龄及体形较小的海鬣蜥并不是如此。成年海鬣蜥可以潜入深达 12 米多的海水中。但是一般情况下，它们在低潮期潜入水中觅食的时间不超过 10 分钟。年龄偏小的海鬣蜥不会进入水中，因为它们体形太小，热量会迅速流失。

水外
年幼的海鬣蜥以海面礁石上的海藻为食

中间地带
通过短暂的潜水获取食物。

海藻

深水区
有丰富的海藻，但是只能通过潜水抵达

涨潮

海平面

退潮

刺状冠嵴
雄性的嵴更加显
著。学名就是因此
而来。

60 分钟
觅食时，可以潜水60分钟。

游泳方式
在陆地上爬行时，海鬣蜥的行动
笨拙。但是一旦潜入水中便可以灵活
地游动，尽管其前进速度并不会很快。
为了通过游泳在水中觅食，它们的身
体经过了一系列的适应进化：扁平的
尾巴，刺状的背鳍。游泳时，身体侧
向呈波浪状移动。

扁平的尾巴

四肢弯曲在体侧。

**通过身体的波
浪状移动不断
前行。**

鼻腺
通过鼻腺排出盐
分，避免累积在体
内。因皮肤上有大
量盐垢，外表呈灰
白色。

1.8 千克
当海鬣蜥体重达到
1.8千克时才可以潜
水捕食。低于这一
标准则不可。

坚硬的爪子
爪子使它们能够
牢固地抓住石
头，甚至可以抵
抗强大的水流。

草食性牙齿
尽管海鬣蜥样子恐怖，
但是它们从不捕食动物，是
绝对的草食动物。为了适应其
食物，它们的身体经历了一系
列进化，其面部扁平，牙齿短
小锋利，使其能够快速撕掉石
头上的海藻。牙齿呈三尖瓣状，
沿着颌骨边缘排成简单的一行，
距离带有鳞片的嘴唇很近。

海藻
海藻种类的不同造
就了各个小岛上海
鬣蜥的不同体色。

壁虎

门：脊索动物门	
纲：爬行纲	
目：有鳞目	
科：7	
种：1381	

壁虎（守宫），中小型身材，经常在温带和热带地区出没。眼睛大，有些有可以转动的眼睑。壁虎是唯一可以发声的蜥蜴，并且每个种类声音不同。有些足底有肉垫，上面覆有微小的绒毛，这些绒毛具有吸附力，使其能够在光滑的表面上攀爬。

Gekko gecko

大壁虎

体长：30~40 厘米
保护状况：无危
分布范围：亚洲

强壮的颌骨
利用强壮的颌骨对抗敌人，
可以死死咬住对手几分钟。

抓紧
脚趾的肉垫上有细小绒毛，
使其能够紧紧地抓住树干

大壁虎栖居于雨林或树林。头部扁平，和身体其他部分有明显的差别。四足强壮，有 5 趾，且每个指头都带有黏性膜片和趾甲。尾巴和身体等长，覆有鳞片，是储存脂肪的地方。

身体呈彩色：灰色的底色上有天蓝色、绿色和红色的斑点。雄性体形比雌性稍大。

休息时，展开皮肤褶皱与树皮融为一体。受到攻击时会自行截断尾巴，大约 3 周之后，新尾巴会再生。夜间活动，但是白天也可以看到它们晒太阳。

雄性发出有力的独特声音来吸引异性。声音类似于"多格"，其俗名就源于这个噪音。通常 3~11 月活动，之后便很少出现。伴侣会在繁殖期捍卫自己

的领地。交配时，雄性会用嘴将伴侣托起来。雌性在树洞或其他洞穴缝隙中产卵，平均产 2 枚卵。经过与空气的接触，这些卵逐渐变硬，并互相紧贴。

Phelsuma madagascariensis
马达加斯加残趾虎

体长：25~28 厘米
保护状况：无危
分布范围：马达加斯加及周边群岛

栖息地
树栖性，经常在树上捕食昆虫，也会吃一些植物

和大部分夜行性壁虎不同，马达加斯加残趾虎白天活动，因此体色非常鲜艳。和其他种类相比，它们的头部又小又长，尾巴稍细。四足组织上的膜片使其成为伟大的"攀登者"。

在树上生活，除昆虫和植物外还会吃花。承担着传播花粉的重要任务，利于植物的繁殖。

皮肤细腻，呈耀眼的绿色，有时会变成蓝色，背上和头上有红色的斑点。从吻部到眼睛分布着一些棕色线条，但会随着温度和光线的变化而变色。

受到攻击时，会拼命逃跑，直到落到杂草丛中，因其体色与后者混为一体而易于逃脱。

附着力
短小的脚趾以及具有吸附力的四肢使其能够轻松地攀爬树木而不掉落

尾巴
遇到危险时可以轻松地截断尾巴，并迅速逃跑。

Uroplatus fimbriatus
马达加斯加叶尾壁虎

体长：30~35 厘米
保护状况：未评估
分布范围：马达加斯加及其周边群岛

眼睛
呈黄色，有红色条纹，瞳孔直立。

马达加斯加叶尾壁虎的体形巨大，在树木的不同高度上都可以生活。身体、头、尾巴扁平状。身体呈暗棕色，有绿色和黄色的斑点，使它们看起来和苔藓相似。抓紧树枝的能力、体色及尾巴的样子使它们成为最成功的"伪装者"。夜间活动，白天在树干上睡觉，和树皮混为一体。如果伪装失败受到打扰，它们就会张开嘴巴，露出舌头和口腔来自卫。另外，还会发出类似于猫叫的声音。

Tarentola mauritanica
鳄鱼守宫

体长：10~16 厘米
保护状况：无危
分布范围：西班牙、葡萄牙及非洲北部

鳄鱼守宫为夜行动物，生活在树上或住房附近，很受人类欢迎，被当作天然的灭虫器。与人类的共同生活使它们的天敌变少，生活安全并且有足够的食物。白天晒太阳取暖，晚上捕食。它们在地面或城市里的人工光源附近捕猎。和同伴交流时，会发出不同的鸣叫声。

Uroplatus henkeli

平额叶尾壁虎

体长：23~25 厘米
保护状况：易危
分布范围：马达加斯加

嚎叫
遇到捕食者靠近时，会发出巨大的嚎叫声来求助。

夜间大部分时间在丛林中捕食昆虫。发现猎物时，身体高度紧张并扑向目标。可利用后肢倒挂并保持平衡以捕捉猎物。

繁殖

小心翼翼地躲在树叶、树皮或干枯的植物下方产 2 枚圆形的卵。经过 90 天的孵化，幼壁虎出生，体长约为 6 厘米。

保护

和其他马达加斯加及世界上的壁虎一样，栖息地的破坏使它们面临着严重的生存危机。但是它们可以适应和容忍栖息环境的一些退化。相反，由于收集爱好者需求的增加引起的非法捕猎令它们的生存状况堪忧。

休息姿势
白天头朝下贴在树皮上休息，完美地将自己隐藏起来

15
平额叶尾壁虎只需要 15 微秒就可使自己的四足脱离爬行的平面

像一片树叶
树叶状的尾巴不仅便于伪装，而且有助于在爬行时保持平衡，掉落时还能保证其安全着陆

为什么四足能吸附

壁虎能够将四足固定在光滑的表面（如玻璃上），是因为毛发上的分子及其行走的平面上的分子之间有相反的微小电负荷，它们能够相互吸引，并且这一功能只能在一定的角度下实现。

向后的脚趾
刚倚靠到平面时，产生一个和步伐相反的压力。

小于30度的角
呈这个角度时，足上的绒毛和光滑表面平行，并相互吸附。

完全附着的脚
脚掌像胶带一样贴在平面上。

撤离运动
脚上的绒毛抬到30度角就可以轻松地离开平面。

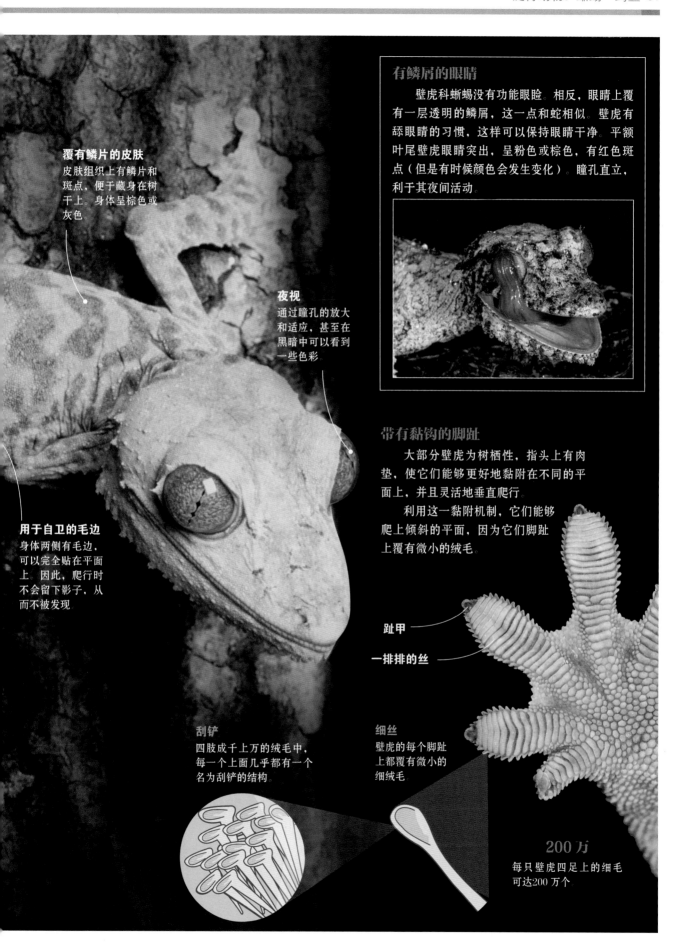

覆有鳞片的皮肤
皮肤组织上有鳞片和斑点，便于藏身在树干上 身体呈棕色或灰色

有鳞屑的眼睛

壁虎科蜥蜴没有功能眼睑 相反，眼睛上覆有一层透明的鳞屑，这一点和蛇相似 壁虎有舔眼睛的习惯，这样可以保持眼睛干净 平额叶尾壁虎眼睛突出，呈粉色或棕色，有红色斑点（但是有时候颜色会发生变化） 瞳孔直立，利于其夜间活动

夜视
通过瞳孔的放大和适应，甚至在黑暗中可以看到一些色彩

带有黏钩的脚趾

大部分壁虎为树栖性，指头上有肉垫，使它们能够更好地黏附在不同的平面上，并且灵活地垂直爬行。

利用这一黏附机制，它们能够爬上倾斜的平面，因为它们脚趾上覆有微小的绒毛。

用于自卫的毛边
身体两侧有毛边，可以完全贴在平面上 因此，爬行时不会留下影子，从而不被发现

趾甲

一排排的丝

刮铲
四肢成千上万的绒毛中，每一个上面几乎都有一个名为刮铲的结构。

细丝
壁虎的每个脚趾上都覆有微小的细绒毛。

200 万
每只壁虎四足上的细毛可达200万个

Eublepharis macularius
豹纹守宫

体长：20~25厘米
保护状况：未评估
分布范围：南亚及东南亚

繁殖
具有领地意识，交配期
同多只雌性共同生活

豹纹守宫栖息于干旱的地区，如沙漠和植被稀少的平原，可以忍受高温和干燥的气候。头部细长，嘴鼻略尖。全身强壮，尾巴可以储存脂肪，以供猎物匮乏之时消耗。

身体呈黄色，且全身都分布着黑色的斑点，故名豹纹守宫。有些呈绿橙色或蓝色。和其他壁虎不同，它们的足上没有黏附性膜片。因为其四肢适用于在沙地或多石地区爬行和挖掘，而不是爬树。

它们是出色的昆虫捕猎者，白天睡觉，一般在黑暗潮湿的地区觅食，如洞穴和石头下方的扇形地区。

适应
和其他壁虎不同，豹纹守宫的四足适于爬行和挖掘。

Ptychozoon kuhli
飞行壁虎

体长：16~18厘米
保护状况：无危
分布范围：东南亚、印度北部

飞行壁虎，夜间活动，树栖性，白天黏附隐藏在树干上，身体扁平有膜，看起来就像苔藓一样。身体呈棕色或灰色。

可以在树枝间滑翔。这些短距离飞行可以实现，得益于它们肋骨和四肢上的巨大皮肤褶皱。降落时，也可以增加空气阻力。四足宽大，脚趾间有发育完全的膜。尾巴扁平且有褶皱。栖息于植被繁茂的湿热地区。尾巴不能像其他壁虎那样轻松地截断。

褶皱
身体两侧、尾巴以及四肢边缘都有皮肤褶皱

尾巴
尾巴长且扁平，边缘呈锯齿状

膜
脚趾间有发育完全的膜。

降落伞
不计其数的皮肤褶皱可以缓冲在树之间的降落力度。

Lialis burtonis
澳蛇蜥

体长：40~60厘米
保护状况：无危
分布范围：澳大利亚、新几内亚岛

澳蛇蜥的身体细长且覆有鳞片，因此经常会和蛇混淆。后肢呈鳍状，非常微小，几乎难以察觉。

体色多样，有黄色、黑色、灰红色、棕色或白色带条状纹，有的带有斑点，有的则光滑无斑。眼睑可以转动。舌头宽大多肉。

牙齿数目很多，捕猎时会咬住猎物胸部直至其窒息，然后从头部开始享用美味。无毒。

在沙漠地区或树林中生活，经常躲在石头、树干或树叶下方。卵生动物。

身体
身体细长，因此容易和蛇混淆。

皮肤
皮肤有多种颜色，如黄色、棕色或白色条纹。

Hemidactylus turcicus
土耳其蜥虎

体长：5~12厘米
保护状况：无危
分布范围：地中海。被引入很多国家

土耳其蜥虎是一种体形较小的蜥蜴，尾巴和身体同色。皮肤多疣，呈粉色，有白色环纹。腹部皮肤透明，有些甚至能够看到其内部器官。和其他壁虎一样，脚趾和趾甲上都有黏性小膜片。可以发出类似于"唑唑"的声音。

夜晚捕捉小昆虫，白天在缝隙、石头、树上或海岸边人类建筑物附近睡觉。因为人类活动的原因，它们广泛分布于世界各地。

雌性产1~2枚卵，且每年产卵3次。

脚趾
和其他壁虎不同，它们的脚趾上有锋利的趾甲

皮肤
皮肤多疣，呈粉红色且有白色环纹

Homonota fasciata
条纹不等虎

体长：4~10厘米
保护状况：无危
分布范围：阿根廷、玻利维亚、巴拉圭

又名绿色小蜥蜴或"刽子手"。体形偏小，身体窄而强壮。可以在多种环境中生存，从海拔2500米的高度到亚热带的低地地区都有分布；在石头下方、洞穴、灌木丛、树林甚至市区活动。皮肤颜色多样，底色为灰黄色，从头部到尾巴有两道横向的棕色线条。覆有突出的三角形鳞片。腹部近似白色。

夜行性，可以发出唑唑声或啾啾声。雌性每年产1~2枚软壳的卵，接触空气后会逐渐变硬。3个月后幼条纹不等虎出生。

对人类有益，可以帮助控制一种传播南美锥虫病的锥蝽（Triatoma infestans）的数量，没有毒性。以昆虫和蜘蛛为食。

壁虎：杀戮和牟利

壁虎贸易始于 1970 年印度尼西亚爪哇岛的布罗伯林格市。当时，捕猎壁虎并不会引起任何担忧。壁虎制品在当地逐渐市场化，主要为药用，被作为治疗皮肤感染的选择性疗法。然而，随着时间的流逝，人们对壁虎制品的需求不断增加，特别是在亚洲的许多国家和地区。当今，所有关于蜥蜴的工业都是捕捉野生壁虎并将其制成标本。目前，官方只是规范了壁虎贸易的数目，并没有禁止贩卖。

◀ **国际贩卖和当地风险**

壁虎并不是一种濒临灭绝的爬行动物。贩卖壁虎的商人正是以此来为自己的贸易辩解的。但是一些专家警示说壁虎数目的减少会在当地引起一些问题：这些昆虫天敌的锐减会造成某些疾病的传播。同时，对那些捕捉壁虎的劳动者来说，也存在着一定的风险，他们更容易被咬，夜间狩猎时手也更容易受伤。

▲ **狩猎者和标本制作者**

一些专家会雇用当地居民出去捕猎，并根据猎物数目支付薪水。挖空、拉伸四肢和制作标本一般是女性的工作。她们必须小心翼翼，受损的壁虎价钱会剧减。

▼ **需求剧增**

日本及东南亚各国是主要的标本购买国。他们认为壁虎的肉和皮肤具有医疗作用。需求量每年可达100 万只。

美洲蜥蜴和泰加蜥

门：脊索动物门
纲：爬行纲
目：有鳞目
科：美洲蜥蜴科
种：128

美洲蜥蜴栖息于热带雨林、大平原、山地、荒漠甚至沙滩地区。常常在南美洲北部到智利的广大地区活动。具有领地意识，白天活动，鳞片各式各样，舌头呈分叉状，可伸出拉长。眼睑可以转动，头部有规则的鳞片，有心房孔。

Tupinambis rufescens
红南美蜥

体长：1 米
保护状况：无危
分布范围：南美洲，阿根廷中部往南

爬行
尽管四肢短小，爬行时仍会将身体抬得非常高。

差异
红色的身体使它和栖息范围相同的阿根廷黑白南美蜥有明显的区别。

红南美蜥的体形庞大，和同类的阿根廷黑白南美蜥相似。头部强壮，尾巴又长又粗。背部呈不同色调的红色，并且横向分布着许多不规则的暗色斑点。从耳朵到后肢有一条近乎白色的断断续续的背线。

体色非常杂乱。经常在干旱缺水的地区活动，以鸟类、小型哺乳动物、昆虫、两栖动物和果实为食。

求偶和交配期一般在 10~11 月之间。雌性在 2 月份产 25~35 枚卵，幼红南美蜥很快会破壳而出。4~9 月冬眠。

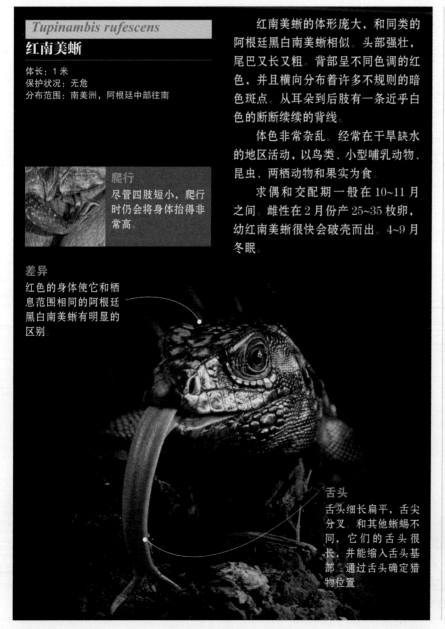

舌头
舌头细长扁平，舌尖分叉。和其他蜥蜴不同，它们的舌头很长，并能缩入舌头基部，通过舌头确定猎物位置。

Tupinambis merianae
阿根廷黑白南美蜥

体长：1.3 米
保护状况：无危
分布范围：阿根廷、玻利维亚、巴西、巴拉圭、乌拉圭

阿根廷黑白南美蜥的体形庞大，尾巴长度超过体长。背部有椭圆形小鳞片，色彩浓烈，主要为黑色、橄榄绿色，带有斑点和白色横向小条纹。腹部颜色发黄，尾巴上有完整的黑色或白色环纹。春季来临时结束冬眠，并蜕去角质层以再生一层更亮的角质层。以鸟卵、小型脊椎动物和昆虫为食。夏季繁殖，雌性产 25~40 枚卵。一般在地面挖掘的洞穴中产卵。150~170 天后，幼阿根廷黑白南美蜥就能破壳而出。因其外壳坚硬，有时候需要母亲的帮助才能完成破壳。

栖息环境多样，从雨林、大平原、大草原到大荒原、湿地和海边沙地都有分布。

Dracaena paraguayensis
巴拉圭鳄蜥

体长：1.4 米
保护状况：未评估
分布范围：巴拉圭、玻利维亚、秘鲁、巴西

巴拉圭鳄蜥的头部大，呈铜棕色。身体其他部分呈绿色，腹部发黄。身上的鳞片又大又粗，尾巴侧向扁平，边缘有高的肉冠。主要在沼泽和雨林地区活动。食物包括蜗牛、蛤蜊和河蟹。咬碎猎物后，会将其外壳吐出。能将身体浸入水中捕食猎物。

Ameiva ameiva
臼齿蜥

体长：70 厘米
保护状况：未评估
分布范围：阿根廷东北部到中美洲。被引入美国和一些太平洋小岛

臼齿蜥的尾巴超过身体长度的一倍多。雌性体色为单一的褐色，带有各种样式的黑色斑点。雄性背部呈绿色，体侧和四肢为蓝色。在树林、山地、雨林中生活，经常出现在枯叶丛中。早晨和午间非常活跃。吃昆虫等节肢动物、蜗牛、蚯蚓、卵、青蛙和各种各样的植物。

繁殖期会因分布区的不同而发生变化。

花纹
雄性背上有横向的深色带状条纹。

Teius oculatus
眼斑赛跑蜥

体长：25 厘米
保护状况：未评估
分布范围：阿根廷中南部到巴拉圭、乌拉圭及巴西南部

眼斑赛跑蜥的体形中等，身体强壮，尾巴长度可达体长的两倍。背部和体侧呈绿色，并有黑色斑点。肋骨下面有蓝色斑点和两道白色的条纹。后肢有 4 个脚趾。

食物会因一年内猎物的变化而改变。以直翅目昆虫、甲虫、白蚁、蚂蚁及昆虫幼虫为食。雌性一般会在蚁穴中产卵，利用其温度和湿度孵化。在湿润或半湿润环境中生活，在树干、树枝或者石头下方挖洞栖身。

身体
身体上覆有精细的鳞片，并伴有缘饰和斑点。

Cnemidophorus sexlineatus
六带鞭尾蜥

体长：10 厘米
保护状况：无危
分布范围：美国中部及南部、墨西哥

六带鞭尾蜥的四肢和身体微小，尾巴很长，能够迅速爬行。身体上方呈深棕色，下方或腹部颜色更为鲜亮，呈天蓝色。有六道白色线纹穿过整个身体，故得名。这些纹路一直延伸到头顶。

栖居于草地和沙地地区，捕食昆虫。大部分为雌性，可以单性繁殖。以昆虫、蜘蛛和其他无脊椎动物为食。

Anadia ocellata
眼斑安拉蜥

体长: 5.5 厘米
保护状况: 未评估
分布范围: 南美洲北部和中美洲地区

鳞片
鳞片光滑扁平,
呈正方形

眼斑安拉蜥是一种小型蜥蜴,身体偏瘦,呈柱状。身体上方呈褐色并有明显的黑色斑点,腹部为白色。尾巴相对较长。眼睑可以转动,有耳孔。四肢短小但发育完全,有5个脚趾。

完全树栖性,一般在树冠区活动,躲藏在苔藓中,以各种昆虫为食。

Neusticurus ecpleopus
泳尾蜥

体长: 5~6 厘米
保护状况: 无危
分布范围: 哥伦比亚、厄瓜多尔、玻利维亚、巴西及秘鲁北部

泳尾蜥拥有耀眼的透明下眼睑,因这一特点,它们闭着眼睛就可以看到东西。全身都呈褐色,只是不同部位颜色强度有所变化。有突出的鳞片,是新热带地区特有的一种蜥蜴。

栖息环境多样,从沙漠、山地到热带雨林都有分布,但是更偏爱湿润地区,一般在雨林灌木丛的树叶中或其他环境的枯叶中活动。以游泳来躲避捕猎者的追踪。大部分为昼行性,在夜间一般不活动。利用树干或石头作为栖身之所。主要以昆虫幼虫、蟋蟀和蚂蚁为食,但是会因栖息环境的不同而发生变化。每年多次产卵,一般为2枚。

Pholidobolus macbrydei
厄瓜多尔蜥

体长: 12 厘米
保护状况: 未评估
分布范围: 秘鲁、厄瓜多尔

厄瓜多尔蜥是其分布区内特有的蜥蜴,主要在雨林山地地区活动。有的为昼行性,有的为夜行性。眼睑可以转动,头部有大鳞片或者平滑的龙骨状盾甲,非常清晰。前后肢几乎等长。脚趾短小,尾巴长。整体呈褐色,有棕色、白色、黑色和蓝色的条纹。以昆虫为食。

Gymnophthalmus underwoodi
木裸眼蜥

体长: 10~12 厘米
保护状况: 无危
分布范围: 南美洲的瓜达卢佩岛、圣马尔蒂纳斯岛、圣文森特岛、特立尼达和多巴哥、圭亚那、哥伦比亚、苏里南和委内瑞拉

木裸眼蜥的体形小,尾巴长度是体长的一倍半。体色非常清晰:整个背部为灰褐色,腹部为黑色。四肢短小,无内趾。腹部鳞片呈正方形或长方形盾甲状。无性别之分,单性繁殖。眼睑不可转动,鼓膜外露。

体色
一条贯穿全身的纹路将背部和腹部明显区分开来。

Kentropyx calcarata

棱尾林蜥

体长：10~12 厘米
保护状况：未评估
分布范围：巴西、玻利维亚、圭亚那、苏里南、委内瑞拉、法属圭亚那

棱尾林蜥的鳞片呈深棕色，体侧有浅褐色带状纹路。背上有黑色斑点，从头顶到尾巴基部有两道白色的条纹，面部呈鲜绿色。存在性别二态性：雄性头部比雌性更宽更长。

生活在雨林或雨林边缘地区，经常寻找阳光以控制身体的温度。活跃期在阳光下时体温为 37.6 摄氏度，在阴凉处体温会稍微下降，体温总是低于栖息地或周围环境的温度。

在阳光暴晒的沙地地区筑巢，雌性可产 4~10 枚卵。

体色
可以躲在灌木丛的枯叶中不被发现

Teius teyou

美洲蜥蜴

体长：5 厘米
保护状况：未评估
分布范围：阿根廷北部、巴拉圭及玻利维亚部分地区

美洲蜥蜴的身体扁平，头部尖长。尾巴约是体长的两倍。背部呈绿色或栗色。从颈部到尾基部有白色条纹，上面有两块对称的黑色斑点。雄性腹部呈深蓝色，而雌性腹部的色调则较为浅淡。

美洲蜥蜴足有 4 趾，第 5 趾已经萎缩。

栖居于贫瘠的格兰查科平原，可以快速奔跑。有时可以利用后肢直立行走。和大部分南美洲泰加蜥一样，为卵生动物。10~12 月为繁殖期。幼美洲蜥蜴在 1 月份出生，2 岁性成熟。每年只产 1 次卵，每次产卵 5 枚。

Cercosaura schreibersii

黑棱蜥

体长：12 厘米
保护状况：无危
分布范围：巴西、玻利维亚、巴拉圭、秘鲁、阿根廷

黑棱蜥身体瘦长，易逃窜。尾巴长，四肢短小，分布于南美洲大部分地区。整体呈栗色，背部从颞骨到尾巴有两条白色的条纹。这些条纹的下方，即腹部边缘有断续的白色纹路。

腹部近似白色，有些黑棱蜥的腹部有斑点。可以适应多种环境，如山地、树林、草地、旱地、植被稀少的地区，甚至农舍的花园。经常躲藏在石头或枯叶中。雌性经常在 11~12 月产 2 枚大约 1 厘米长的白色卵。

Bachia flavescens

巴克蜥

体长：12 厘米
保护状况：无危
分布范围：南美洲中西部

巴克蜥的体形特别小，身体和尾巴连成一个整体。四肢极小，尤其是后肢。体色基本为深棕色，身体上的鳞片颜色稍微有些变化。生活在安第斯山地区，可延伸到亚马孙雨林。巴克蜥继承了南美洲蜥蜴的特点，经常出现在枯叶中，且多为昼行性。

真正的蜥蜴

门:	脊索动物门
纲:	爬行纲
目:	有鳞目
科:	蜥蜴科
种:	305

300 多种蜥蜴分布于非洲、亚洲和欧洲。有的鳞片呈颗粒状，有的平滑，有的呈龙骨状，有的很大，有的很小，有的甚至难以察觉。有下颌骨、外耳和可转动的眼睑。通常以昆虫为食，但铲吻蜥例外，这是一种生活在非洲的蜥蜴，一般以种子为食。基本为卵生动物，个别为单性繁殖或胎生动物。

Lacerta viridis
绿蜥蜴

体长: 10~15 厘米
保护状况: 无危
分布范围: 欧洲中东部

繁殖
雄性在发情期激素变化会引起肤色的变化。

爬行
一般在地面活动，但是冬季会爬到树枝上晒太阳

绿蜥蜴是蜥蜴科中体形最大的一种，也是欧洲最为光彩夺目的蜥蜴身体为鲜艳的绿松石色，腹部呈黄色。幼绿蜥蜴以棕色为保护色，可以躲藏在枯叶中，避免潜在敌人的侵害。存在性别二态性: 雄性背部有黑色斑点，与雌性相比，头部更大，身体也更加强壮。

栖居于阳光充足的大草原。白天活动，喜定居。早晨最为活跃，捕食昆虫、蜘蛛、蚯蚓和蝴蝶；也会吃成熟红色水果的汁液。极少数情况下会吃小蜥蜴和老鼠。交配时，下颌和喉部会变成钴蓝色，雄性的颜色更为浓烈。雄性在巢穴内与多只雌性交配3~6 周后每只雌性会挖一个洞，并产下 20 枚卵。根据气候情况，2~3 个月后幼绿蜥蜴出生。

Latastia johnstonii
约翰斯顿蜥蜴

体长: 15.7 厘米
保护状况: 未评估
分布范围: 非洲中东部

约翰斯顿蜥蜴的尾巴长度超过体长。头部又小又长，覆有颗粒状鳞片。面部扁塌。眼睛上部有鳞片，作为保护眼睛的小型盾甲。皮肤主要为黑色，身上有纵向的淡橙色条纹；这些条纹在腰部骨盆处汇集，使尾巴和后肢呈现为浓烈的橙色。在大平原、岩层或干涸的河床上生活，可以在不同高度活动，海拔300~1000 米处都有分布。具有领地意识，昼行性。比较活跃，行动敏捷。主要以昆虫和小型节肢动物为食。与其近亲一样，可借助自截现象进行自卫。遇到捕猎者攻击的危险情况，可以自行截断尾巴。8~11 月为繁殖期，每窝最多可孵化 15 只幼蜥。其性别由周围温度决定。孵化温度较低的为雌性，反之则为雄性。性别二态性表现在肛前的鳞片上，雄性的肛前鳞片形成了一个长且规则的盾甲，而雌性的盾甲较短，形状也不规则。

Iberolacerta monticola

山地蜥蜴

体长：5~5.6 厘米
保护状况：易危
分布范围：西班牙坎塔布里亚山地

山地蜥蜴表现出明显的性别二态性：雌性背部为棕色，腹部呈绿色，而雄性为鲜绿色，并有黑色的网纹。成年雄性腹部两侧各有一个蓝色的眼孔斑。

整个秋季和冬季进行冬眠。初春时，雄性为了争夺可以交配的异性会表现出极强的攻击性。不同地区的山地蜥蜴交配期也不同，生活在高山地区或者气候寒冷地区的蜥蜴交配期会更晚。每年产 1~2 次卵，每次有 4~9 枚。以昆虫和捕捉到的其他节肢动物为食。

头部
头部大且扁平，鳞片光滑，并比身体其他部分的鳞片大。

不同的鳞片
背部鳞片比身体两侧的鳞片大，并且平整光滑，有轻微的突出，或稍显龙骨状。

自然栖息地
栖居于高山多岩石的地方，但是有时也会爬到河流附近。

Podarcis hispanicus

伊比利亚蜥蜴

体长：4.1~6.5 厘米
保护状况：无危
分布范围：伊比利亚半岛

伊比利亚蜥蜴的腹部皮肤为黄色，背部呈绿色并且侧面有条纹，雌性的条状纹路更加明显。雌性体形更小，身材苗条。雄性头部呈三角形，并且覆有明显的鳞片。体色可以从红色变成绿色，有些年轻的伊比利亚蜥蜴甚至可以变成蓝色。交配时，雄性腹部两侧会出现蓝色的眼孔纹。以在地面或树枝上捕到的小昆虫或蛛形纲动物为食。

Heliobolus lugubris

非洲丛蜥

体长：18 厘米
保护状况：未评估
分布范围：南非

成年非洲丛蜥背部皮肤为灰棕色或红褐色。背上有横向的暗色带状条纹和三条平行的亮色线纹，其中一条一直延伸到尾部。幼非洲丛蜥为黑色，并且有一排白色或黄色的斑点，这些斑点之后会形成线纹；尾巴颜色和沙子相似。鲜艳夺目的体色使它们难以躲藏，经常会被捕猎者发现。它们的求生策略是使用警戒色，将自己伪装成一种甲虫，二者体色相似，可作为警戒色。除了和甲虫颜色相似之外，非洲丛蜥还会弓起腰快速爬行以模仿甲虫保护自己。以昆虫为食，尤其是白蚁。雌性在沙子中挖洞，可产 4~6 枚卵，幼蜥蜴在 12 月到次年 5 月间破壳而出。

Eremias fasciata

纵斑麻蜥

体长：6.3~11 厘米
保护状况：未评估
分布范围：伊朗、阿富汗、巴基斯坦

纵斑麻蜥的背部有特色鲜明的纹路，从头部到尾巴有互相交错的米色和深棕色纵向条纹。腹部色彩更为鲜明。四肢有网纹，颜色和背部相同。身体上覆有鳞片，雄性嘴巴与眼睛间的鳞片更为明显。后肢发达，脚趾上有名为"毛边"的延伸，利于其在沙子中爬行，因为这加大了脚与沙子的接触面积。昼行性，白天晒太阳以获取能量并进行捕食和繁殖活动。经过一段长时间的冬眠之后，在春季进行交配。遇到危险时会躲到沙洞里。吃各种昆虫、蛛形纲动物和蚯蚓。

Eremias argus
丽斑麻蜥

体长: 10~14 厘米
保护状况: 未评估
分布范围: 亚洲中东部

丽斑麻蜥的身体呈灰色或橄榄绿色。背部的鳞片形成了一些不规则的白色斑点，并且有红色、绿色及棕色的月牙边饰，从而构成了一些从颈部到尾巴的横向带状条纹。腹部近似白色。有颗粒状鳞片，前额有盾甲，其中一个盾甲很大，位于两眼之间。

背部鳞片呈圆形，中间穿插着一些小颗粒。肉食性，吃蛛形纲动物幼虫和成虫、蜗牛和小昆虫。利用啮齿目动物的巢穴度过最寒冷的时期。冬眠过后，进行交配。雌性一般可产 3~12 枚卵，孵化期为 2 个月。

Algyroides fitzingeri
侏儒蜥蜴

体长: 2~4 厘米
保护状况: 无危
分布范围: 科西嘉岛、撒丁岛

侏儒蜥蜴是科西嘉岛、撒丁岛及周边一些地中海小岛特有的一种蜥蜴。

身体强壮，头部偏小，吻部稍微突出。后肢脚趾长，尾巴粗厚，尾长是身体的两倍。体色单一，呈深灰色或黑色，腹部除外。腹部呈橙色，并向着尾部逐渐变成白色；喉部为蓝色。

鳞片不规则，呈屋脊状，并有峰棱，使其外表显得非常粗糙。白天活动。喜欢地面干燥且植被稀少的半阴凉临水地区。

分布在海拔 0~1800 多米的地方。

自卫
遇到任何危险时，微小的体形可使它们偷偷溜到石头下方或茂密的灌木丛中

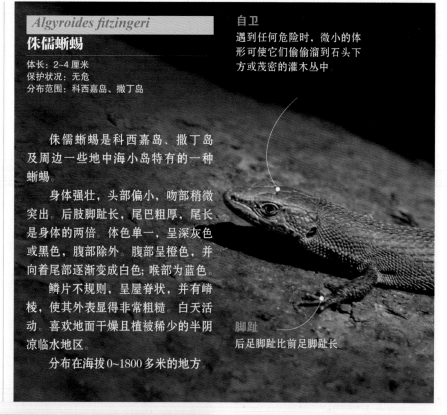

脚趾
后足脚趾比前足脚趾长

Adolfus jacksoni
森林蜥蜴

体长: 7~8.5 厘米
保护状况: 未评估
分布范围: 非洲中部和东部

森林蜥蜴白天活动。主要以昆虫和其他一些小型节肢动物为食。在森林周边生活，居住在用树干或地面枯叶构成的小栖息地中。

经常停留在较高的平面上晒太阳。9~12 月为繁殖期，每只雌性可产 8~10 枚卵，经过 3 周的孵化，这些幼蜥便会出生。脚趾长且精细，便于其攀附在岩石上。

热量
下午时，森林蜥蜴会爬到石面上来吸取石头释放出的热量

Darevskia caucasica
高加索蜥蜴

体长: 5.2 厘米
保护状况: 无危
分布范围: 高加索山脉中部及南部

高加索蜥蜴的身体和尾巴长，但是头部扁平，因此整体显得宽大。背部主要为灰色或棕色。从头部到尾基部有一条贯穿整个背部的深色带状条纹，并且边缘饰有两列黑色斑点。腹部呈浅绿色，腹甲两侧有深色斑点。身体上的鳞片大部分都非常平滑，有小颗粒。喉部的鳞片比背部的更小、更软。其天然栖息地为非洲中东部的河岸岩石层区域。每只雌性可产 6 枚卵。这一种类在同属中相对较新，包括小亚细亚和高加索地区的一些蜥蜴。它们有个共同点，即可以无性繁殖。

石龙子

门：	脊索动物门
纲：	爬行纲
目：	有鳞目
科：	石龙子科
种：	1478

遍布全球的石龙子科动物形态各异：体长 12~35 厘米不等；有些四肢强壮，有些则四肢短小甚至缺失；栖息地可为地面、洞穴、树木或者水域。身体偏长，头部覆有大块鳞片，腭上有两个骨质盾甲。大部分为昼行性，以昆虫为食，经常趴在温热的石头上享受日光浴。大多为卵生动物，也有卵胎生动物。

Tiliqua scincoides

蓝舌蜥

体长：10 厘米
保护状况：未评估
分布范围：澳大利亚北部及东南部、塔斯马尼亚岛

自截尾巴
这一消极的自我保护方法能够转移捕猎者的注意力，从而趁机逃跑。

其名字就揭示了蓝舌蜥最重要的特征，即长且粗壮的钴蓝色舌头，这是爬行动物中的一个特例。它们身体强壮，呈柱形，并覆有一层层的鳞片，使得表面看起来非常柔软。和同属的其他蜥蜴不同，它们的颞骨鳞片较人。

成年蓝舌蜥身体呈灰色，头部基本为棕色，背部有颜色更深的斑点或条纹。为了躲避捕猎者，幼年蓝舌蜥有不同的保护色，这些各种各样的色彩可以一直持续到性成熟。

杂食动物，吃昆虫、蜘蛛和蜗牛。尽管它们的牙齿可用于咀嚼，但并不是很灵活，因此它们经常吃一些比自己行动更慢的动物，如蜗牛和一些小昆虫。为了完善饮食，有时还会吃一些腐肉和各种植物，比如花、浆果和水果。

栖息环境多样，既可以生活在多石或者半荒漠地区，也可以在湿润的热带丛林中活动。它们胆小多疑，攻击性不强。四肢短小，不方便挖洞，因此，经常躲在其他动物挖好的洞穴、中空的树干、石缝或枯叶中。昼行性。卵胎生动物，每只雌性可产 10~15 只幼蜥。

自卫
为了恐吓攻击者，它们会鼓起身体，发出叫声并伸出自己炫目的蓝色舌头作为伪装的危险警告

体色
皮肤上有各种不同的色素，使得体色可以发生变化。

Eumeces algeriensis
阿尔及利亚石龙子

体长：30~43 厘米
保护状况：无危
分布范围：阿尔及利亚、摩洛哥、西班牙

横向带饰
从头部到尾巴有橙色、黑色和白色的带状纹路

石龙子属中体形最大的动物。四肢相对较短，但肌肉发达，使其可以挖洞并在地下爬行。皮肤基本为褐色或橄榄色，有许多横向的带状纹路。雄性体形比雌性大。栖息环境多样，包括干旱的草原、开阔的树林、沿海地区和耕地。是摩洛哥最常见的一种石龙子。昼行性，春季交配繁殖时最为活跃。最冷的月份到来时会进行冬眠。

Scincus scincus
砂鱼蜥

体长：15 厘米
保护状况：未评估
分布范围：非洲西北海岸

功能面部
吻部呈楔形，靠近颌骨，便于潜入沙中并在其中"游泳"

其名源自其可以在沙子中敏捷地爬行，就像在水中游泳的鱼一样。各种形态特点使它们拥有这种特别的能力：身体呈流线型，耳孔小，同时皮肤光亮，因此摩擦力小。四肢发达，脚趾上有毛边。四肢一次又一次朝前朝后转动，在沙子中前进。偏爱有植被的松软沙子，经常在沙丘附近活动。尽管耳朵小，但是听觉发达。可以在地下探听到一些无脊椎动物的动静，然后将其捕获吞食。有几个亚种，体色有所不同。

鲜艳的鳞片
皮肤平滑光亮，一般呈黄色或棕色，背部有灰色条纹。

Mabuya frenata
南蜥

体长：2.5~8.5 厘米
保护状况：未评估
分布范围：南美洲中部和东部

南蜥的身体细长，呈柱形，头部尖长。额顶骨只有一块鳞片。四肢发达，尾巴长且结实，呈圆锥状。背部呈红色和棕色，身体两侧有暗色条纹，从面部一直延伸到尾巴基部。条纹边缘颜色明亮，和奶油色腹部相融合。

白天活动，相对喜欢定居，利用树洞、缝隙和石洞作为栖身之地。利用阳光和阴凉来调节自身体温。饮食多样，主要以节肢动物为食，少数情况下会捕食小型脊椎动物。卵胎生，雌性每个繁殖期平均产 4 个幼蜥。幼蜥在雨季出生，体长约为 2.5 厘米。

Chalcides mauritanicus
柱形石龙子

体长：8 厘米
保护状况：濒危
分布范围：阿尔及利亚、摩洛哥、西班牙

柱形石龙子的外表和蠕虫相似，身体上覆有光滑柔软的鳞片。一般为棕色或灰色，全身有深色的条纹。皮肤会随着成长而发生变化：年轻石龙子体侧为黑色，尾巴呈红色，背部的带状条纹与成年石龙子相比，更加明显。四肢短小，因此有一个俗名——二趾石龙子。又名奥兰石龙子，擅于在沙地中挖洞。

经常栖息于海岸地区，或者一些树木之上，如蓝桉树、金合欢树、松树。分布区非常有限：非洲北部5000多平方米的带状区域；也会出现在梅利利亚西班牙和一个名叫拉伊比卡的地区。乱砍滥伐和旅游开发侵占了海岸，减少了它们的栖息地，使它们面临着灭绝的危险。

Acontias lineatus
四线箭蜥

体长：10 厘米
保护状况：无危
分布范围：纳米比亚、南非

四线箭蜥体形小，但是有四肢。身体呈黄沙色或焦糖色。背部有深棕色条纹，从头部一直延伸到尾巴。腹部为奶油色或白色。生活在多沙土的干旱地区，一般在地下爬行。以昆虫或蠕虫为食。经常出现在非洲名为大纳马夸兰的干旱地区。

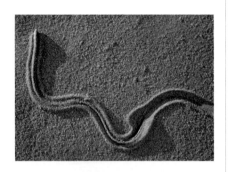

Cordylus cataphractus
犰狳蜥

体长：7.5~9 厘米
保护状况：易危
分布范围：南非西海岸

从头部到尾巴沿着背线分布着由刺状鳞片构成的沉重且难以接近的铠甲，故名犰狳蜥。

头部宽大，呈三角形。身体扁平魁梧，呈黄棕色，喉部为黄色且有黑色斑点。

用颌骨咬住尾巴将身体卷成球状，以此作为自卫的策略。用这样的方式保护身体上柔软脆弱的部分，把难以接近的外表展现在捕猎者的面前。

自卫
为了躲避捕猎者的进攻，会将自己的身体卷成一个球状。

Cordylus giganteus
巨型环尾蜥

体长：15~18 厘米
保护状况：易危
分布范围：南非中东部

巨型环尾蜥是同属中体形最大的蜥蜴。身体上覆有粗大的鳞片，在颈部围成了一个多刺的项圈。尾巴上也有刺状鳞片。一般以小群体聚居。在地面挖坑筑巢。背部呈黄色或深棕色。头部两侧、体侧和腹部呈淡黄色。昼行性，冬季不活动。用强有力的摆尾自卫。

Carlia tetradactyla
南部彩虹石龙子

体长：6.5 厘米
保护状况：无危
分布范围：澳大利亚东南部

体色多变，故名彩虹石龙子。四肢短小，有 4 趾。下眼睑覆有透明的鳞片，因此闭着眼睛也可以看到东西。另外，这一特点也可以减少水分蒸发。卵生，雌性每次产 2~4 枚卵。经常躲在石缝或枯叶中，生性腼腆多疑。

Egernia rugosa
雅加石龙子

体长：40 厘米
保护状况：无危
分布范围：澳大利亚昆士兰州东北部

和其他石龙子不同，雅加石龙子头部的鳞片呈碎片状。皮肤有豹纹，并呈不同色调的棕色。背部有一条深色条纹贯穿整个身体：从头部到尾巴，边缘饰有淡色带状花纹。

经常在黄昏时活动，在一天中最冷的时候最为活跃，如下午和夜晚。令人惊奇的是它们会在巢穴附近排便，形成一些粪便堆，以此来表明自己的存在。

杂食动物，吃植物、水果和各种无脊椎动物，如蟋蟀、蚂蚁、蜘蛛、甲虫等一些靠近其居所的小生物。

胎生动物，雌性每次大约分娩 6 只幼石龙子。它们的天敌一般为狐狸。

双足蜥

门:	脊索动物门
纲:	爬行纲
目:	有鳞目
科:	双足蜥科
种:	22

双足蜥科包含两个属,双足蜥属有21个种,另一个属仅有1种。其最主要的特点是雌性无足,雄性保留着后足的一些痕迹。身体细长,和蛇类似,鳞片呈方块状,平滑光亮。颅骨合并或者紧密相连。身体上的鳞片遮住了它们细小的眼睛,故也名盲蜥。

Dibamus tiomanensis
刁曼双足蜥

体长: 9.25 厘米
保护状况: 未评估
分布范围: 马来西亚群岛西部

和同属的其他种类不同,刁曼双足蜥的鳞片呈圆滚线状,骨缝为不完整的鸟喙状。成年刁曼双足蜥体色为棕色,面部与下巴颜色稍亮。尖尖的面部均匀分布着大量的感觉乳突。无耳孔,眼睛隐于视觉鳞片之后,几乎难以察觉。雄性有两个半阴茎,分别位于泄殖腔两侧。

一般在地下坑道中活动。受到威胁时,会竖起鳞片,使其和身体保持垂直,将表皮层变成多皱的松果状。

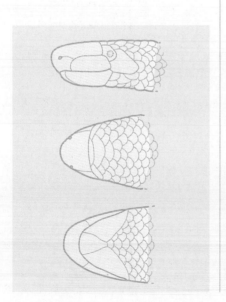

Dibamus ingeri
英格丽双足蜥

体长: 14.2 厘米
保护状况: 未评估
分布范围: 马来西亚群岛东部

英格丽双足蜥的吻部非常圆滑,颌骨明显突出,鼻孔位于侧面。头部短且宽;面部均匀分布着许多感觉乳突,鼻子和嘴唇骨缝完整,从眼睛延伸到鼻孔。无耳孔,眼睛几乎难以察觉。牙齿小而锋利;舌头短且尖,前端无分叉。眼后的两条带状条纹使其有别于同属的其他种类。野生英格丽双足蜥的体色不详。

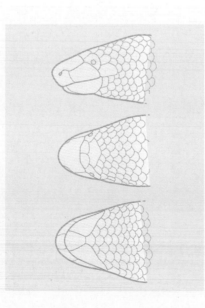

Anelytropsis papillosus
墨西哥双足蜥

体长: 17 厘米
保护状况: 无危
分布范围: 墨西哥东部

墨西哥双足蜥是源自美洲的唯一一种双足蜥,也是墨西哥东部湿润丛林和植被繁茂的半干旱地区特有的一种双足蜥。因其有限的分布区和独有的特性,在学术界被定义为稀有物种。身体呈柱形,鳞片分布均匀,且边缘圆滑。尾长占体长的1/4,尾端较钝。体色为焦糖色或肉色。面部尖细,鼻孔小,是对其地下坑道生活习性的进化适应。

Dibamus nicobaricum
尼科巴双足蜥

体长: 12.7~20.3 厘米
保护状况: 未评估
分布范围: 印度

尼科巴双足蜥是印度尼科巴群岛特有的一种双足蜥。吻部呈钝的圆锥形,面部有独特的花纹,4个加长的盾甲横穿面部:前额盾甲、顶骨间盾甲和位于头部两侧的两块视觉盾甲。眼睛藏于盾甲之后,几乎难以察觉。下嘴唇突出。尾巴短且钝。身体呈棕紫色。

蛇蜥

门：	脊索动物门
纲：	爬行纲
目：	有鳞目
科：	蛇蜥科
种：	117

这个群体包含许多体形巨大的蜥蜴，包括以下3个科：蛇蜥科、巨蜥科和毒蜥科。其中比较有代表性的有水晶蛭蜥、鳄蜥、希拉毒蜥、珠毒蜥和巨蜥。它们皮肤下有骨质盾甲，因此显得比较僵硬。体侧有柔软的鳞片沟，便于拉长身体容纳猎物和卵。

Ophisaurus attenuatus

三线脆蛇蜥

体长：0.56~1.06 米
保护状况：无危
分布范围：美国东部

乍一看，跟蛇非常相像，但是其面部特点和僵硬的鳞片表明它是一种无足蜥蜴。身体呈铜棕色、丹宁色或淡黄色，有 6 条深棕色或黑色的带状条纹。腹部为白色或黄色。尾巴平均比身体和头部长 2~4 倍。肉食动物，以无脊椎动物和附近的脊椎动物为食。受到威胁时，缠绕自己的身体直到将尾巴截成几小段以迷惑敌人，从而乘机逃跑。之后，尾巴会再生，但是长度不及之前。冬季会躲在巢穴中冬眠。冬眠之后半年进行一次交配。雌性大约产 12 枚卵，且体温上升 3~4 摄氏度。这一变化利于卵的孵化，50~60 天后，幼蛇蜥出生。幼蛇蜥会很快成熟。性别差异几乎难以察觉：雄性身体更长，头部稍宽。各个亚种间的区别更加明显：长三线脆蛇蜥身体比三线脆蛇蜥更长，并且尾长占体长的比例更大。

面部特点
吻部突出，眼睑可转动，有外耳孔。

6 道深色条纹
全身有6道纵向的深色条纹。这是三线脆蛇蜥的显著特点。

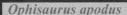
Ophisaurus apodus

棕脆蛇蜥

体长：1.35 米
保护状况：未评估
分布范围：欧洲南部及亚洲西南部

棕脆蛇蜥的名字源于它们被捕猎者抓住时可以自行截断尾巴。失去的尾巴可以自动再生，这一现象名为自截，在蜥蜴中非常常见。

身体呈棕色，头部和腹部颜色稍亮。身体两侧有独特的皮肤褶皱，饮食和呼吸时会伸展开来。泄殖腔附近有两肢的痕迹，最长只有 2 毫米。

栖息于开阔或多树的低草地区。以节肢动物、小型哺乳动物和卵为食。因其体形大，脾气温和，经常出现在宠物贸易中。据记载，圈养起来的棕脆蛇蜥寿命可达 50 年。

与蛇不同
棕脆蛇蜥的耳朵、眼睑和腹部鳞片的样子与蛇不同。

最大
无足蜥蜴中体形最大的蜥蜴，体长可达 1 米多。

Anniella pulchra

北蠕蜥

体长：11.1~17.8 厘米
保护状况：无危
分布范围：墨西哥、美国

体形小，无足，样子与蛇相似，但是和所有的蜥蜴一样，与蛇的主要不同在于它们可转动的眼睑。面部呈铲状，尾巴为柱形。背部呈银色、棕色或黑色，而腹部为白色或黄色，身

上有细条纹。也有一些北蠕蜥例外，全身呈黑色。海拔 0~1500 米的地方都可以发现它们的踪迹。经常在海滩沙丘、灌木丛、枯叶堆或市区花园中活动。有时也会出现在石头或木头下方。可以忍受低温，因此，可以在最冷的时候活动。以昆虫幼虫、蜘蛛和白蚁为食。其天敌为蛇、鼬和某些鸟类，如赤胸田鸫和美洲伯劳。在市区也有可能受到家猫的攻击。

Gerrhonotus infernalis

侧褶蜥

体长：50 厘米
保护状况：无危
分布范围：墨西哥、美国

侧褶蜥又名得克萨斯蛇蜥或凯门蜥。头部扁平，身体呈褐色，有 7~9 条黑白相间的横向条纹。腹部有褐色、灰色及白色的方形斑点。

栖居于松树林、灌木丛以及靠近小溪或泉水的多石、多树木地区。以昆虫、蜘蛛和其他小蜥蜴、鸟类以及老鼠为食。

繁殖期从秋季开始，在春季产卵。一般在树干或石头下方产 30 枚卵。从发育到孵化，雌性一直盘绕在卵的附近，50 天后，幼蜥出生，其性别取决于温度。有时侧褶蜥会胎生。因为人类误以为其有毒性，故一些侧褶蜥经常会被捕杀。

Varanus niloticus

尼罗河巨蜥

体长：2.1米
保护状况：未评估
分布范围：非洲中南部

强有力的颌骨
牙齿钝且强壮，使得尼罗河巨蜥可以牢牢地咬住猎物。

尼罗河巨蜥为非洲最大的蜥蜴。皮肤呈褐色或绿色，有许多黄色的小斑点和一些更大的横向带状条纹。腹部呈黄色，有黑色斑点。有尖利的爪子和强壮的颌骨。鼻孔与吻部较远但靠近眼睛。

它们是一种喜独居的爬行动物，但可以容忍同伴在附近活动。繁殖期时，雄性会变得更具攻击性。在河流或其他水体附近生活，擅长游泳和潜水。捕食各种猎物，如软体动物、鱼、两栖动物和鸟，也会摄取鳄鱼卵和腐肉。

它们是蟒蛇和成年鳄鱼的猎物。经常在树枝上晒太阳休息，遇到威胁时，会躲进水中。

雌性可产35~60枚卵，一般在沙土或用爪子破坏的白蚁巢穴中产卵。有时候，白蚁可能会跟随尼罗河巨蜥的活动，然后封住巢穴的缝隙。在这种情况下，幼巨蜥出生后雌性必须返回蚁穴，将被封住的幼巨蜥释放出来。孵育期可达10个月。尼罗河巨蜥在3岁时性成熟。

Varanus albigularis

白喉巨蜥

体长：2米
保护状况：未评估
分布范围：非洲

饮食
食物包括蚱蜢、蜗牛、蛇、鸟和卵。

陆栖性蜥蜴，利用树木进行捕猎和躲避敌人。当其受到威胁时，会膨胀喉咙和身体，用力摆尾并试图撕咬对手。

栖息于大草地、灌木丛或者树林中。白天非常活跃，但是在炎热地区，它们会避开中午最炎热的时段。冬季活动较少，晚上躲在地面洞穴中。繁殖期时，雌性会爬到树上与雄性交配。可产50枚卵。

Xenosaurus platyceps

平头异蜥

体长：20厘米
保护状况：濒危
分布范围：墨西哥

平头异蜥是一种仅生活在墨西哥的罕见的蜥蜴。身体扁平多皱，外表覆有圆锥形的小疣结。身体上有许多横向的深色条纹。眼睛的颜色可以变成绿色、黄色和红色。在石缝中生活，在此躲避捕猎者。

白天一般不会离开巢穴，即便离开也不会距巢穴太远。从海拔450米到2800米之间都可以发现它们的踪迹。一般在热带丛林、松树林、多刺灌木丛或矮攀丛中活动。吃蚂蚁、蟋蟀、蜘蛛，有时也会捕食一些小型脊椎动物。因为环境破坏和被当作宠物贩卖，它们正面临着灭绝的危险。

Varanus komodoensis

科莫多巨蜥

体长：2~3 米
保护状况：易危
分布范围：印度尼西亚

视觉发达
尽管利用嗅觉捕食猎物，但是它们的视觉非常发达，可看到远达300 米的距离。

栖息于灌木丛、开阔的树林与干涸的河床中。幼科莫多巨蜥大部分时间在树上活动，皮肤上有亮色的带纹，这些纹路在成年后便会消失。尽管它们多独居，但是遇到已死的动物时，几只科莫多巨蜥便会聚在一起分食。

交配繁殖

雄性以尾巴为支撑直立，在交配期作为自己的竞争武器。雌性一次可产 25 枚卵，大约 9 个月后，幼蜥出生。

危险和保护

尽管科莫多巨蜥目前数量可观（2500~5000 只），但是适宜它们居住的栖息地非常有限。其数量与 50 年前相比，大为减少。人类的狩猎、猎物的减少和栖息地的缺失是它们面临的主要威胁。现在被保护于科莫多国家公园中，其旅游吸引力促进了相关保护措施的发展。

孵化室
雌性挖洞产卵并孵化。无哺育幼蜥的习惯。

庞大且贪吃

科莫多巨蜥是体形最大的蜥蜴，也是现存蜥蜴中最大的捕猎者。体长且强壮，既吃活着的动物，也吃腐肉。能在几千米之外发现猎物，能分泌致命的唾液，仅仅一口就可以使猎物死于非命。

70 千克
科莫多巨蜥的平均体重。圈养的科莫多巨蜥体重可翻一倍。

主要猎物
幼科莫多巨蜥基本以蛇、蜥蜴、啮齿目动物为食。成年科莫多巨蜥会攻击、捕食体形更大的猎物，如野猪、水牛和鹿

80%
消化的食物可占总体重的80%

锋利的爪子
幼科莫多巨蜥利用锋利的爪子攀爬，成年后爪子则作为捕捉猎物的武器

可伸缩的胃
和大部分爬行动物一样，科莫多巨蜥的胃可膨胀 这一进化适应使它们可以消化大型猎物

长时间的狩猎
探测、捕猎和进食的过程很漫长 从撕咬到猎物倒地需要花费几个小时 之后的进食非常迅速。

1 寻觅
科莫多巨蜥利用其分叉的舌头来探寻猎物。追踪猎物时，速度可达18 千米/时。

2 撕咬
在气味的引导下，科莫多巨蜥追捕和撕咬猎物。猎物被咬后不会立即死亡，它们先是逃跑，然后才倒地而亡 科莫多巨蜥于是开始追踪进食

坚硬的皮肤
皮肤覆有鳞片，且多皱，一般会呈黑色、棕色或灰色

撕裂和吞咽
科莫多巨蜥不会咀嚼，它们用锋利的牙齿撕咬猎物的肉，然后将其送到嘴里进行吞咽

毒性唾液
唾液中的细菌对猎物来说是致命的，科莫多巨蜥的血液中具有抗菌物质，使其可以免受自身唾液的危害

二分叉的舌头
舌头除了具有味觉之外，还有触觉和嗅觉，可以感知悬浮在空气中的分子，因此，可以发现几千米之外的腐肉

多杀巴斯德杆菌
这是科莫多巨蜥口中最具毒性的细菌，咬过猎物之后，唾液会感染猎物的伤口，从而造成致命的后果

3 进食
颌骨和颅骨间的关节可以伸缩，便于它们快速进食。既可以消化肉块，也可以消化猎物的皮肤和骨头

4 争斗
其他科莫多巨蜥嗅到食物后会靠近。体形最大的科莫多巨蜥会得到最好的部分。幼科莫多巨蜥则待在远处，因为这些成年科莫多巨蜥有可能会吃同类

Heloderma horridum
珠毒蜥

体长：75~90 厘米
保护状况：无危
分布范围：墨西哥到中美洲南部

珠毒蜥和希拉毒蜥是仅存的两种具有毒腺的蜥蜴，其毒性甚至会影响到人类。颌骨上分布着与毒腺连接的凹槽状牙齿。撕咬时，它们会将毒液注入伤口。身体呈柱形，四肢短小，尾巴长且粗厚，头部宽且扁平。整体呈棕色或黑色，尾巴和脖子上有一些黄色斑点。

成年珠毒蜥身上的带状条纹更加粗大，斑点也更为明显。一般栖居于植被稀少且多石的干旱地区。有时也会在开阔的丛林区活动。

白天一般躲藏在自己挖好的或现成的洞穴中。夜间活动频繁，甚至会变得好斗。以昆虫、两栖动物、其他蜥蜴、小型哺乳动物和卵为食。尾巴可以作为养分储藏器官，当食物富余时，尾巴会膨胀。在宠物市场上非常受欢迎。在天然环境中，人类经常会出于对其毒性的恐惧而捕杀它们。除此以外，它们还面临着栖息地破坏的危险。

二分叉的舌头
这是一种非常有效的探测器：和蛇一样可以用来感知气味。

Anguis fragilis
蛇蜥

体长：30~50 厘米
保护状况：未评估
分布范围：欧洲和亚洲西部

眼睑
尽管外表和蛇非常相似，但是蛇蜥的眼睑可以转动

蛇蜥具有遇险时自行截断尾巴的能力。与身体分离后，尾巴仍会摆动一段时间，从而转移捕食者的注意力。几周后，尾巴便会完全再生。

身体细长，无足。因此很容易和蛇混淆。背部呈银色或铜色，腹部颜色则更为暗淡。雌性身体一般比雄性长。

一般栖居于开阔、湿润、阴凉的地方，常在多草的地面上活动，在树干、石头下方休憩。有时也会出现在市区花园中。黄昏和晚间比较活跃。冬季会与其他伙伴聚在一起。以昆虫幼虫、蛞蝓、蜗牛和土壤中的蚯蚓为食。

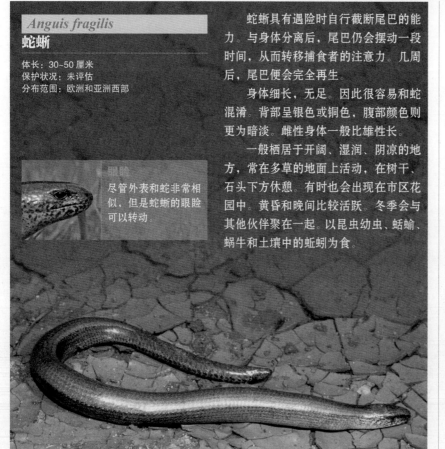

Lanthanotus borneensis
婆罗无耳蜥

体长：20 厘米
保护状况：未评估
分布范围：东南亚（婆罗洲）

婆罗无耳蜥是蛇蜥科中一个非常独特的代表，首次发现于婆罗洲的沙捞越，也是该地区独有的一种蜥蜴。外表同巨蜥相似，但无喉部褶皱和鼓膜。

夜间活动，半水栖性，因此，很难发现它们的踪迹。此外，它们也会经常躲在自己挖好的地下通道中，因此人们对它们的习惯和生态特点了解较少。

以土壤中的蚯蚓和其他无脊椎动物为食。在理解同巨蜥、珠毒蜥、希拉巨蜥之间的进化关系中，婆罗无耳蜥发挥着重要的作用，大约9000万年前，它们拥有同一个祖先。

和这些动物一样，它们的行动迟缓、笨重。皮肤和蟾蜍一样呈颗粒状。四肢极短，牙齿多而小，无耳，但具有听觉。

Heloderma suspectum

希拉毒蜥

体长：53~56 厘米
保护状况：近危
分布范围：墨西哥、美国

具有毒性的撕咬
咬过猎物后会将毒液通过伤口注入猎物体内。颌骨牙齿上有渠道，其中溢满了源自304 个毒腺的毒液

希拉毒蜥和珠毒蜥是世界上仅有的两种具有毒性的蜥蜴。身体庞大且强壮，行动缓慢。体色引人注目，粉色、黄色、橙色和黑色的疣结构成了网状花纹，有时也会呈带状纹路。眼睛小。四肢短小强壮，有锋利的爪子，可用来挖洞。一般在沙漠或有草、灌木和仙人掌的干旱地区生活。在自己的巢穴或者被其他动物遗弃的巢穴中居住。饮食多样，以幼兔、老鼠、松鼠、鸟、小蜥蜴和卵为食。雌性可以产 12 枚卵，一般在湿润的沙地上挖洞孵卵。主要利用毒液作为自卫的工具，在撕咬之前会发出哨音、张大嘴巴恐吓敌人。人类会出于对其毒液的恐惧而猎杀它们。但是极少有人死于希拉毒蜥的咬伤，尽管其毒液会引起剧痛、水肿、眩晕和呕吐。

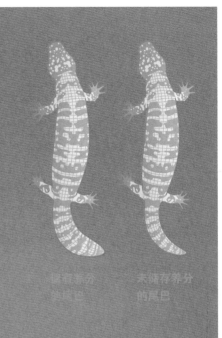

其拉丁名意为"珠状的皮肤"，因其背部的鳞片由圆状疣结构成。

皮肤骨化
这些小的骨头被称为皮骨，用来支撑其多疣的背部鳞片。

当雌性接受求偶时，雄性可以通过舌头感知到对方散发出的气味。

蚓蜥

蚓蜥是覆有鳞片的爬行动物，除一科只有极小的前肢外，其他科都不具有四肢。其外表看起来像一条巨大的蚯蚓。身体上的鳞片呈环状。生活在地下，利用结实的头部开挖坑道，头顶一般呈弹头形、横扁形或竖扁形。眼睛极小，有些甚至看起来只是黑点。无外耳。钝尾，因此很容易同头部混淆。

门：	脊索动物门
纲：	爬行纲
目：	有鳞目
科：	6
种：	181

头部和爬行

蚓蜥可以根据头部形状进行分类，对应着不同的挖洞筑巢方式。

蚓蜥科
大部分蚓蜥的头部并没有特化，能将土向前或向身体两侧推送。

双足蚓蜥科
利用头部和两足挖洞。

佛罗里达蚓蜥科
竖扁形头部：骨骼结构和其他种类不同。

短头蚓蜥科
吻部突出：通过粗糙的盾甲旋转或摇摆挖洞。

一般特点

因为蚓蜥经常躲在挖好的地下通道中，人们对它们的了解少之又少，甚至在博物馆的相关陈列展览中也很少见。与缺肢蜥和蛇不同，它们的头骨较小且坚硬，与开挖通道的生活习性相适应。此外，它们还有一个独特的进化特点。它们有一块特殊的耳骨，能够在地下探测到猎物的活动。

皮肤上覆有环状鳞片，使人们经常将它们和大蚯蚓混淆。这些环纹也将蚓蜥和其他爬行动物区别开来。这也是辨认各个不同种类的主要依据。

右侧肺叶和主动脉弓非常有限，主要是左侧肺叶和主动脉弓发挥作用（与蛇和缺肢蜥相反）。和其他有鳞目的爬行动物一样，它们泄殖腔的横向缝隙中有返祖的半阴茎。会蜕皮，皮肤一般为棕色、红色或粉色，并有明亮的鳞片。分布于非洲北部、南美洲东部以及欧洲地中海、安的列斯岛、墨西哥、美国、古巴和阿拉伯半岛。

地下动物

它们利用头部挤压和移动土壤来挖掘地道。因此，它们的头骨比其他同等大小的爬行动物坚硬许多。

它们的面部由光滑坚硬的鳞片保护，眼睛陷入皮肤，鼻子发生变异以防被土壤堵塞，和毛虫类似，爬行时，让部分环状皮肤抵在地道表面，同时收缩身体其他部分以获得向前的推力。

科

蚓蜥共有6科。其中双足蚓蜥科的蚓蜥是唯一有足的蚓蜥，并且仅有前足。蚓蜥是一个种类繁多的群体，约有181种。短头蚓蜥科的蚓蜥通过摆动身体开挖通道。佛罗里达蚓蜥科现今仅有一个物种，即佛罗里达双头蜥，但有许多代表性的化石。

像手风琴一般

通过直线和折叠运动来推动身体前进。

后退
头部抵达地道尽头，在下次前进之前，将头部撤回。

前进
头部钻入土壤，然后收缩头部抵向地道顶部或底部。

Bipes biporus
五趾双足蚓蜥

体长：17.4~24 厘米
保护状况：无危
分布范围：墨西哥

体色
成年五趾双足蚓蜥身体
呈淡粉色；幼蚓蜥体色
更加突出。

五趾双足蚓蜥属于唯一一个有足的蚓蜥科，但仅有前足。前足短且强壮，每足有 5 只加长的爪子。身体呈环状，由 261 个环状背纹构成。覆有正方形或长方形鳞片。头部前方的鳞片宽大且呈盾甲状，便于开挖通道。

栖居于沙土或灌木丛中。利用短小的前足埋藏自己并建造体系复杂的巢穴。以各种节肢动物和蚂蚁及白蚁为食。

大部分时间在地下活动，极少在地表活动，一般在地表觅食或晒太阳。寿命一般为 1~2 年。

Rhineura floridana
佛罗里达蚓蜥

体长：18~38 厘米
保护状况：无危
分布范围：美国东南部

佛罗里达蚓蜥科仅存的一种蚓蜥。面部呈楔形或竖扁形，便于在地下活动时推进和挤压沙子或土壤。身体呈淡粉色。经常在多沙土的地区活动，常被干枯的松树叶覆盖。以白蚁和蚯蚓为食。尽管一生中的大部分时间都在地下活动以躲避捕食者，但在雨季时会离开地下出现在地面上。

2500 万年前，它们的祖先生活在北美洲大部分辽阔的草原上（目前主要分布在佛罗里达州北部和中部的部分地区）。

Anops kingii
小蚓蜥

体长：20.5 毫米
保护状况：未评估
分布范围：南美洲南部和中部

蚓蜥科中最小的一种。头部扁平，有由三角形盾甲构成的眼窝冠。小蚓蜥和同属的其他种类一样，是南美洲特有的物种（栖息地从巴西东南部延伸到阿根廷的丘布特省），面部严重挤压，身体侧面具角质的鸟喙形嵴棱。利用嵴棱以不同的方式开挖通道：朝两侧挤压土壤。一般生活在石头下方。

基本以甲虫和蝴蝶幼虫为食。冬末到夏初为繁殖期。

Amphisbaena alba
白线蚓蜥

体长：60 厘米
保护状况：无危
分布范围：南美洲北部和中部

白线蚓蜥是一种体形较大的蚓蜥。身体呈柱形，所覆鳞片呈横向和纵向的犁沟状。尾巴短，样子和头部相似。身体呈白色、米色和棕色。以节肢动物为食，如甲虫、蚂蚁、白蚁、蜘蛛和其他昆虫幼虫。一般躲在挖好的通道、枯叶堆或黑蚂蚁巢穴中。在旱季繁殖。

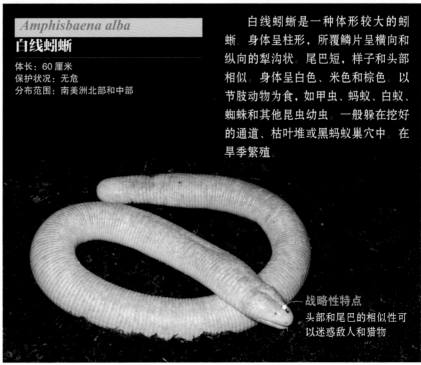

战略性特点
头部和尾巴的相似性可以迷惑敌人和猎物

鳄鱼及其近亲

现存的鳄鱼种类与其中生代时期的祖先区别很小。一般头骨大，牙齿锋利，身体偏长并覆有坚硬的鳞片。尽管它们已经从惨烈的地质灾变中幸存下来，但是如今很多种类仍然面临着生存的危机。

一般特征

鳄鱼和水的关系紧密。有一个四腔心脏、一个附腭和一个单只的交配器官。泄殖腔呈纵向,无膀胱。瞳孔直立。身体上覆有大块盾甲所构成的粗厚皮肤。头骨坚固,强有力的牙齿嵌入颌骨中。和蜥蜴不同,它们的泄殖腔是呈纵向排列的。卵生动物。经常建造巢穴,幼鳄会受到特殊照顾。

门:	脊索动物门
纲:	爬行纲
目:	鳄目
科:	3
种:	24

水中和地上

这类爬行动物是鸟类的姻亲,一般分布于热带和亚热带地区。大多居住在淡水区,有个别种类在海洋或者咸水区生活。

体形变化大,有 1.5 米的侏儒宽吻鳄,也有长达 7 米的恒河鳄。它们一般尾巴长,侧面扁平,利于其在水中移动。其他爬行动物有两个心耳和一个心室。但是鳄鱼及其近亲有一个完整的隔膜将其心室分隔开来,因此它们的心脏有 4 个部分。这样可以有效地隔离从肺部到心脏的动脉血和来自身体的静脉血。

幼年鳄鱼以小型动物为食,比如一些水生节肢动物。体形较大的种类会攻击一些哺乳动物,如水豚、羚羊、角马、斑马、牛,甚至是人类。从水中捕获食物。由于骨质附腭的存在,鼻管可以关闭,与口腔隔离,这一结构使它们可以在水中张开口呼吸,只是鼻孔不浸入水中。擅长游泳,可以在水下持续待一个多小时。在用树枝、土壤和枯叶建造的巢穴中产卵,卵由雌性照顾。

和乌龟一样,鳄鱼和宽吻鳄的性别取决于卵孵化时的温度。

主要的爬行动物

鳄鱼及其近亲和鸟类是祖龙中唯一幸存的后代。出现于大约 2.5 亿年前,和恐龙及其他已经灭绝的动物如具槽生齿动物和翼手龙等曾一起生活。

- 两栖动物
- 哺乳动物
- 龟
- 刺背鳄蜥
- 蜥蜴和蛇
- 鳄鱼及其近亲
- 鸟类

祖龙

咬
鳄鱼的撕咬是动物界最强有力的。

进化和多样性

鳄鱼的祖先是前三叠纪的原始古鳄。和其现存的近亲不同，它们长期定居在陆地上，而现存的鳄鱼多为两栖性。原始古鳄大约于 1.95 亿年前消失。在后侏罗纪时代，中生代古鳄发育进化出了明显的发热系统。中生代古鳄在白垩纪时期消失，其后又出现了优古鳄，现存的所有鳄鱼及其近亲都属于此类。现存鳄鱼的亲缘关系和其他爬行动物大不相同。除了鸟类之外，它们是二叠纪时期祖龙的唯一后代。祖龙的其他后代包括恐龙和飞行的爬行动物。

近期的发现表明鳄鱼化石的样子和现今的鳄鱼大为不同。超级巨鳄体长超过 12.2 米，体重可达 8 吨。野猪鳄体长达 6 米，牙齿偏长呈匕首状，利于穿透皮肉。鼠鳄体长只有 1 米，可以直立行走。鸭嘴鳄因其宽大突出的吻部而著名。

现存的种类包括了 3 个分支。鼍科以短吻鳄和凯门鳄为代表，有 4 属，分布在从墨西哥到阿根廷北部的广大地区，仅有一种生活在中国东南部。它们全部生活在淡水区，如河流、湖泊和沼泽。体长为 1.5~4.5 米，吻部相对较为短粗。闭上嘴巴时，下颌骨上的牙齿会被上颌牙齿覆盖。鳄科的地理分布多在热带地区，包括非洲、亚洲、澳大利亚和美洲。现今至少可以辨认出 2 个属。虽然它们一般生活在淡水区，但是也会在河滩和海洋中出现。吻部较尖，与鳄目的另一科相比，长度适中。下颌骨上的牙齿与上颌牙齿相互穿插。下颌的第 4 齿特别明显。鳄科物种体长可达 7 米。长吻鳄科包括长吻鳄和伪长吻鳄（有些专家认为后者属于鳄科）。

栖居于印度和印度支那半岛。吻部窄长，利于捕捉鱼类。嘴巴末端有一个肉团，上面有鼻孔。长吻鳄体长可达 6 米。

争议

关于如何对鳄鱼及其近亲进行分类，有着不同的说法。有些专家将所有种类都归为同一个科类（鳄科），而有的专家则将其分为两科，把鳄鱼和长吻鳄归为鳄科，而短吻鳄和凯门鳄则属鼍科。最后也有一些专家认为长吻鳄有自己专有的科类，即长吻鳄科，所以将鳄形目分为 3 科（鳄科、鼍科和长吻鳄科）。它们分为 3 大支的科类或者亚科。这些种系分歧的产生是因为他们的划分依据不同，即分别根据形态学、分子构成或者综合分析进行划分。

袭击人类

鳄鱼及其近亲袭击人类的事件不是特别常见。大部分有记载的事故发生在澳大利亚、安哥拉、印度、巴西和佛罗里达。在一些严重的案例中，受害者死因多为失血过多、肢体截断、严重感染或者窒息。在鳄鱼分布区生活的人们会用各种方法来对抗鳄鱼的袭击，比如用手指插入鳄鱼的眼睛或者咬鳄鱼的鼻子。

骨化皮肤
分布在每块鳞片皮肤下的小骨头，其主要作用是保护自身免遭强烈袭击的侵害。

各科的区别

可以根据头部特点进行基本的分类。宽吻鳄和短吻鳄吻部扁平，呈 U 形，后者吻部更宽。鳄科头部偏长，呈 V 形，颌骨上的第 4 颗牙齿露于嘴外，非常容易辨认。长吻鳄的吻部最长且窄。

鳄鱼还是短吻鳄
鳄鱼和短吻鳄及宽吻鳄不同，闭着嘴巴就能看到下牙。

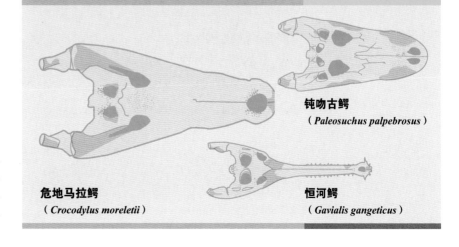

钝吻古鳄
（ *Paleosuchus palpebrosus* ）

危地马拉鳄
（ *Crocodylus moreletii* ）

恒河鳄
（ *Gavialis gangeticus* ）

饮食和繁殖

鳄鱼是卵生动物。和鸟类与哺乳动物不同，幼鳄的性别取决于温度，和染色体无关。刚出生的幼鳄由父母照顾，这一点在其他爬行动物中并不常见。颌骨上分布着感觉毛孔，可以感知到极其轻微的水压波动和变化，便于它们在自己的领地探测猎物和入侵者。捕猎高效有力，可以捕到大型草食动物和人类。

饮食

幼年时期，鳄鱼主要以螃蟹、昆虫和软体动物为食。随着身体的不断发育，它们的猎物大小也会发生变化。一开始，捕食小型的脊椎动物，如鱼和两栖动物，之后目标转为鸟类、蛇类和啮齿目动物。成年鳄鱼则捕食鸟类和大中型哺乳动物。鳄鱼偏爱大型猎物，这样可以长时间保存能量，一年只需进食一次即可。否则它们必须不断地移动来寻找小型猎物。最极端的例子是对大型草食动物进行捕食，如斑马、角马、水牛、羚羊、长颈鹿、绵羊和牛，鳄鱼会在它们靠近水边喝水时发起进攻，甚至有捕食豹子和人类的案例。有很多鳄鱼和短吻鳄袭击人类的报道，其中有些报道有着详细的记录。因其眼睛的构造，鳄鱼前面的视野不是很好。因此，经常侧着身体追踪猎物，当它们靠近猎物时，会剧烈地摆头，将目标抓获。有时也会突然袭击，躲到水下，通过尾巴的推动扑向猎物。鳄鱼的撕咬是我们目前所知的所有动物中最为有力的，但是它们打开颌骨的力量很弱，这一特点及其牙齿的结构使它们能够牢牢地咬住猎物。当猎物体形较小时，它们会不断拍打猎物直至其死亡。反之，如果猎物体形较大，它们会用牙齿咬住猎物不断旋转，试图将其撕裂，使其窒息而亡。

致命的袭击

在水中静候猎物，然后突然向目标发起进攻。将猎物杀死后，会不断旋转猎物，以将其撕成肉块。

静候狩猎

死亡旋转

结构与作用

吻部的样子和大小与其捕食的猎物息息相关。长吻鳄和一些鳄鱼吻部长且窄，利于其在水中活动，从而可以捕食鱼类。短吻鳄和宽吻鳄吻部短宽且强壮，利于捕食大型猎物，如鸟类和哺乳动物。

繁殖

当雄性弓起身体、拍打尾巴并开合嘴巴粗喘时，雌性开始行动。雌性慢慢靠近，雄性开始在它周围转动。当雌性接受求偶时，会游向浅水区，让雄性爬到自己背上，之后它们的泄殖腔开始互相接触。在产卵之前，雌性长吻鳄和一些鳄鱼会在多沙的地面或者干燥的海滩挖洞，卵产下之后立即将洞填埋。可产 10~100 枚卵。有时，多只雌性会在同一个巢穴中产卵。短吻鳄、凯门鳄和许多鳄鱼会在河岸树林或者灯芯草地旁的水域附近利用泥土和干枯的树叶堆筑巢。这些巢穴周长 2.5 米、高 1 米。在大部分种类中，雌性在这一时期都比较好斗。经常在巢穴附近活动，以驱赶一些可能的捕猎者。雄性也会照顾卵。孵化期可以持续 3 个月，因不同种类而异。

卵
外表和鸡蛋相似，但是外壳更加精细。

撕碎猎物
鳄鱼及其近亲的牙齿不能咬碎猎物，因此，它们会把猎物撕成几大段，然后全部吞下。

性别与温度

黑凯门鳄幼鳄的性别取决于巢穴的温度。巢穴底部因为铺着一些杂草，是温度最高的区域，在这里的卵孵化后为雄性。越靠近巢穴边缘，温度越低，卵孵化后为雌性。

卵的孵化温度必须为 27~34 摄氏度。美洲凯门鳄孵化幼鳄时，温度低于 31 摄氏度时为雌性，温度高于 32 摄氏度时为雄性。

美洲凯门鳄在 31 摄氏度时孵出雌性。

巢穴的中间区域既可以孵出雌性，也可以孵出雄性。

当温度达到 32 摄氏度时，只能孵出雄性。

控制幼鳄的性别结构
雌鳄可以随意改变筑巢的杂草成分，降低或提高巢穴温度，从而根据需要调节幼鳄的性别结构。

鳄鱼和长吻鳄

门：脊索动物门
纲：爬行纲
目：鳄目
科：鳄科
亚科：3
种：23

各个亚科的头骨样式大小、生活习性和分布区域都不同。因其残忍危险的名声而为大家所恐惧。遗传了其生活于白垩纪末期祖先的很多特点。因为人类的偷猎、栖息地的减少和环境的污染，大部分种类都面临着灭绝的危险。

Crocodylus acutus
美洲鳄

体长：5~6 米
保护状况：易危
分布范围：北美洲南部、中美洲及安的列斯岛

美洲鳄生活在淡水区和咸水区，如海滨湖泊、滩涂地和湖泊。捕食各种脊椎动物，从鱼、青蛙到一些小型哺乳动物。利用四肢行走，尾巴侧向扁平，可以拨动水流。

舌头后方末端有皱襞，同腭片一起将嘴巴和呼吸道完全隔离。因此，它们可以在水下张开嘴巴。鼻孔被一系列特殊的肌肉遮挡，鼓膜由许多可动的鳞片皱襞所保护。它们在沙地或土地上刨洞作为陆地上的巢穴，或者搜集地面上的杂草筑巢（一般由雌鳄负责，通常位于咸水区附近）。每次可产 20~38 枚卵，孵化期为 2 个月。

强有力的嘴巴
美洲鳄的牙齿又长又尖，牢固地嵌在颌骨中，使它们很容易就能咬住猎物。

Crocodylus johnsoni
澳洲淡水鳄

体长：2~4 米
保护状况：无危
分布范围：澳大利亚北部

吻部长
吻部的长度是其眼睛高度即面部最宽处的3倍。

澳洲淡水鳄在人类面前非常胆小，一般在淡水区生活，如河流、湖泊和沼泽。皮肤呈浅棕色，身体和尾巴上有暗色的带状条纹。鳞片相对较大。背部鳞片排列紧密，像铠甲一样，而体侧和四肢外侧的鳞片较圆。腹部颜色单一且明亮。

以鱼、螃蟹、青蛙、鸟和小型哺乳动物为食。巢穴是深度为 12~20 厘米的地洞。雌鳄平均产 13 枚卵，不负责照看卵。

Crocodylus palustris

沼泽鳄

体长：3~5 米
保护状况：易危
分布范围：南亚

群居行为

具有社会性，和同伴分享领地。沼泽鳄不论是成年还是幼年都具有丰富的声谱，可以互相交流。

沼泽鳄是现存鳄科中吻部最宽的一种。在淡水区生活，如湖泊、沼泽、河流或海滨沼泽，但有时候也会出现在海边的咸水湖泊中。

偏爱浅水区，可以在其中缓慢移动或静候猎物。可以在地面行走，甚至能够捕捉到一些动物；在陆地挖洞筑穴以度过旱季。捕食鱼类、爬虫和哺乳动物。食谱中还会出现猴子、鹿，少数情况下还有水牛。成年沼泽鳄呈深橄榄色，幼鳄的体色则更为鲜亮，有黑色的淡斑。

雌性每次产 25~30 枚卵。巢穴温度决定幼鳄的性别。32.5 摄氏度时为雄性，而 28~31 摄氏度时则为雌性。孵化期一般为 55~75 天。

沼泽鳄贸易已在国际范围内被禁止。

背甲
背部的鳞片为4 列纵向分布。

Osteolaemus tetraspis

侏儒鳄

体长：1~1.9 米
保护状况：易危
分布范围：非洲中部和西部

幼年侏儒鳄的特点
体色鲜艳，有黑色和黄色的斑点。

体长与其他鳄鱼相比非常短小，故名侏儒鳄。平均身长不足 1.5 米，是世界上最小的鳄鱼。在河流、沼泽中生活，捕食小型哺乳动物（如啮齿目动物）、水生昆虫及两栖动物。独居。背部为黑色，体侧和腹部为黄色，有黑色斑点。为了繁殖，雌性会用植物的枯叶或其他部分混入泥土筑造巢穴。每次产 10~20 枚卵，孵化期为 105 天。

Crocodylus porosus

湾鳄

体长：2~8 米
保护状况：无危
分布范围：东南亚、南亚和大洋洲

湾鳄是现存体形最大的鳄鱼。性格残暴，会袭击人类。在海边生活，有时也会在内陆沼泽区活动，或者出现在远离大陆的海洋。雄性体形比雌性大很多。捕食鱼类、其他鳄鱼和大型哺乳动物（如水牛、畜群）。幼年时期以昆虫、甲壳纲动物、爬行动物和其他小动物为食。可产 30~90 枚卵，孵化期约为 90 天。

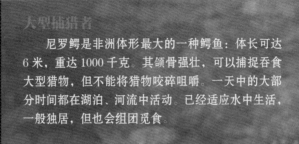

Crocodylus niloticus

尼罗鳄

体长：3.5 米
保护状况：无危
分布范围：非洲大陆及马达加斯加岛西部

出生
雌鳄会根据卵内鳄鱼的叫声确认哪只幼鳄即将出生。

尼罗鳄头上的鼻孔和眼睛突出，使它们可以将身体没入水中几小时；第三眼睑——瞬膜可以确保它们在水下保持睁眼状态。口腔尽头有一个皮瓣，当它们潜入水中擒住猎物时，可以阻止水流进入气管。在水中游动时会使整个身体从头部到尾端呈波浪状摆动。

领地意识

在河流或河岸建立不同范围的领地。掌权的成年尼罗鳄和那些年轻的挑战者们互相争斗来决定支配等级。

在坚硬陆地上的生活

利用腹部匍匐爬行，也会伸开四肢撑起身体行走或跑动。它们通过离开水域、晒太阳以保持体温。

卵生动物
雌性尼罗鳄在坚硬的地面上产20~100枚卵，利用阳光的热量来孵化。

大型捕猎者

尼罗鳄是非洲体形最大的一种鳄鱼：体长可达6米，重达1000千克。其颌骨强壮，可以捕捉吞食大型猎物，但不能将猎物咬碎咀嚼。一天中的大部分时间都在湖泊、河流中活动。已经适应水中生活，一般独居，但也会组团觅食。

攻击策略

每年都会有一些有蹄动物在大草原上迁徙，途中它们必须横穿河流或靠近水流饮水。尼罗鳄预见了这一情况，提前将整个身体没入水中等候角马、斑马等迁徙者。其捕猎策略：埋伏在河岸附近等候毫无防备的猎物到来，当目标靠近时，便到了这场准确突袭的高潮阶段。

1 埋伏窥探
尽管体形庞大，它们仍有目的地悄悄埋伏在水中，窥探正在静静喝水的猎物。

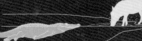

2 捕捉
当毫不知情的受害者步入河流更深处时，尼罗鳄突然扑向猎物。

3 窒息
将猎物拖入水中直到其窒息而亡。同时也会不断旋转猎物，加速其死亡。

鳞片
大块坚硬的骨质鳞片紧密相连，这是它们的铠甲。

80
最多有80颗牙齿，一生中牙齿可以更换

牙齿
牙齿呈锥状，当旋转或剧烈摇晃猎物身体撕碎猎物时，可以牢牢将其固定。

多功能的吻部

冷却
口腔上皮通过传导吸收血液中多余的热量，然后通过对流将其排到空气中。因此，尼罗鳄经常张着嘴巴。

攻击
牙齿从紧闭的嘴巴中突出。这一构造使其能够牢固地咬住猎物。

搬运
半张的嘴巴可以充当笼子，成年尼罗鳄会将幼鳄放到里面，将它们从巢穴搬运到远离捕猎者的安全之地。

Tomistoma schlegelii

马来长吻鳄

体长：2.5~5 米
保护状况：濒危
分布范围：东南亚

长吻鳄

马来长吻鳄

马来长吻鳄和其他的鳄鱼不同，它们吻部细长，与真正的长吻鳄相似。马来长吻鳄的吻部形状是对其捕食鱼类的进化适应，但它们的饮食非常多样，也会吃甲壳类动物、昆虫和哺乳动物，如蝙蝠、啮齿目动物甚至鹿。

身体呈棕色，尾巴、身体与颌骨上有黑色斑点。雌性用枯叶或泥巴筑造巢穴，并在其中产 20~60 枚卵，孵化期约为 90 天。父母不负责照顾幼鳄（在鳄鱼中很少见），因此，幼鳄的死亡率很高。幼鳄离开巢穴后，很容易沦为野猪和其他爬行动物的猎物。

体色
皮肤上有斑纹，幼年时期更为明显

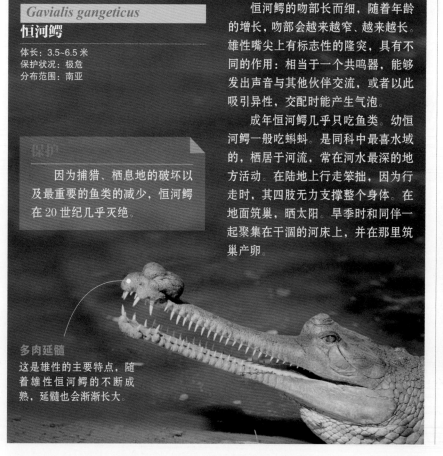

Gavialis gangeticus

恒河鳄

体长：3.5~6.5 米
保护状况：极危
分布范围：南亚

保护

因为捕猎、栖息地的破坏以及最重要的鱼类的减少，恒河鳄在 20 世纪几乎灭绝。

多肉延髓
这是雄性的主要特点，随着雄性恒河鳄的不断成熟，延髓也会渐渐长大。

恒河鳄的吻部长而细，随着年龄的增长，吻部会越来越窄、越来越长。雄性嘴尖上有标志性的隆突，具有不同的作用：相当于一个共鸣器，能够发出声音与其他伙伴交流，或者以此吸引异性，交配时能产生气泡。

成年恒河鳄几乎只吃鱼类。幼恒河鳄一般吃蝌蚪。是同科中最喜水域的，栖居于河流，常在河水最深的地方活动。在陆地上行走笨拙，因为行走时，其四肢无力支撑整个身体。在地面筑巢，晒太阳。旱季来时和同伴一起聚集在干涸的河床上，并在那里筑巢产卵。

Mecistops cataphractus

非洲狭吻鳄

体长：2.5~4 米
保护状况：数据不足
分布范围：非洲西部

非洲狭吻鳄非常喜水，偏爱植被稠密的地区，也会出现在湖泊、咸水湖甚至海岸附近，可以承受一些盐分。擅长游泳，但大部分时间在休息。吻部细，成年时，吻部长度是其宽度的 5 倍多。背部皮肤呈深橄榄色，腹部颜色较为鲜亮，有斑点。幼年非洲狭吻鳄体色更为鲜亮。它们主要以鱼类和水生无脊椎动物为食。体形较大的有时会捕食更大型的脊椎动物。

一般独居，繁殖期除外。雨季开始时进行交配。雌性在河流附近的低地利用枯叶和泥土筑巢。每次产 13~27 枚卵。会待在巢穴附近守候，但是一般不会积极地守卫巢穴。孵化期持续 16 周。

宽吻鳄和短吻鳄

门：	脊索动物门
纲：	爬行纲
目：	鳄目
科：	鳄科
亚科：	3
种：	23

体形比它们的近亲（鳄鱼和长吻鳄）小。在这个群体中，短吻鳄、美洲凯门鳄和黑凯门鳄体形较大。偏爱河流、运河及各种湿地等淡水区。个别种类可以生活在海水里。除美洲短吻鳄之外，其他种类一般不会袭击人类。

Alligator mississippiensis
美国短吻鳄

体长：1.8~5 米
保护状况：无危
分布范围：美国东南部

幼鳄的皮肤
黑色皮肤上分布着许多黄色的带状条纹，便于伪装。

偏爱湿地，如沼泽和海滨沼泽，但有时也会在河流、湖泊和其他淡水水体中活动。尽管不像其他鳄鱼那样拥有盐分口腔分泌腺，但也可在短时间内承受一定盐分。因此，有时可以在沿海滩涂地发现它们的身影。

雌性比雄性体形小很多。吻部宽，尽头有不是很明显的鼻梁。四肢短小，前足具 5 趾，后足具 4 趾。成年美国短吻鳄的皮肤呈棕橄榄色，部分区域呈黑色，颌骨、颈部和腹部为奶油色。肤色暗淡。尾巴附近的鳞片颜色更黑。腹部有骨化皮肤。成年美国短吻鳄捕食各种猎物，偏爱龟、小型哺乳动物、鸟类、爬行动物、鱼类甚至是幼年短吻鳄。必要时会吃腐肉。当气温低于 20~23 摄氏度时，会停止进食。

饮食、气候和出生率的不同决定了其身体的两种不同形态：有的修长苗条，有的短而强壮。

春季开始时进行交配。雌性用淤泥和枯叶筑巢，并在其中产 20~60 枚卵，巢穴一般建在高于水体的地方。雌性会积极地守护巢穴。幼鳄一旦离开巢穴，雌性会立即将巢穴摧毁，以帮助它们下水。离开巢穴时，它们会把 8~10 只幼鳄放在口中搬运到水里。

远离水域
敏捷的行走者，经常在坚硬的地面爬行

湿地的主人

它们不仅克服了灭绝的危险，而且利于大沼泽地生态系统的恢复和平衡，是保持北美地区生物多样性的关键物种。为了蓄水度过旱季，短吻鳄建造了一块绿洲，这一绿洲相当于一个水库，改变了很多物种的命运。

▶ 晾晒时间

在3800平方千米的大沼泽地，很容易就能看到一只正在晒太阳的美国短吻鳄。短吻鳄在夜间比较少见，人们可以根据叫声找到它们的踪迹。

　　一进入大沼泽地，就能听到如飞机着陆般的轰鸣声，或者短吻鳄求偶时的鸣叫声。受城市化速度加快、工业带的出现和机场的威胁，美国南佛罗里达州的大湿地与之前相比已经大幅度缩小。这一外观似沼泽的壮观绿水河道源自该州北部的基西米河流域，河水横穿奥基乔比湖，注入佛罗里达半岛南端，在那里形成了一个独特的生态系统，其中生活着成千上万种鸟类、哺乳动物、昆虫和爬行动物。凯门鳄及美国短吻鳄充当着该地的"哨兵"，在其他动物的生存和自然保护区的保护方面起着至关重要的作用。美国短吻鳄（*Alligator mississippiensis*）是体形最大的短吻鳄。因19世纪末开始的过度捕猎，美国短吻鳄在20世纪50年代面临着即将灭绝的危险，但是到20世纪70年代后，人们开始意识到美国短吻鳄对其周边环境的生态意义，由此实施了一系列的保护措施，使它们的数目逐渐得以恢复。

　　如今，它们不仅摆脱了危机，而且为其周边的许多物种提供了重要的支撑。这一大型爬行动物体长可达4米，可以构建水坑来确保旱季的水量供给。它们能熟练地完成这一任务，利用四肢和吻部清除其余的杂物和洞中的粪便，使其变成真正的清水绿洲。水面漂浮着百合，边缘生长着各种植物，如香蒲和蕨类植物。如果没有这些短吻鳄的经常清理，这些植物的根将会成为鱼类的陷阱，阻碍它们的游动和发育。短吻鳄通过这一行动建造了一个新的栖息地，其中聚集了龟、鱼、鸟、浣熊和其他觅食的动物。如果没有这些水坑，许多物种就不能安全度过旱季。美国短吻鳄建造的这些水坑相当于一个个生命蓄水池，滋养了无数只即将分散的动物。雨季来临后，这些动物将重新回到空地居住。

▶ **绿河的"哨兵"**
覆盖着叶子的浅浅绿河在地面
缓缓流淌，因此它又名草河。
在这里，母鳄和幼鳄一起埋伏
在水下监视周围的环境。

湿地是美国最大的生物多样性聚集地，被联合国教科文组织列入世界遗产名录。2007 年，因为在自然恢复方面取得的进步，大沼泽地已经不再有消失的危险。但 2010 年，情况重新变糟。因为水流的减少和污染，这一地区又重新面临消失。但是，美国短吻鳄，作为国家公园的标志，正在努力扭转这一趋势。

一方面，一个重要的控制和保护措施是，在这些动物体内放置卫星追踪芯片，因为它们可以敏锐地感知到水文状况、水中盐分和整体生态系统的变化。这样，当它们穿过河流时，芯片就会发出关于周遭环境、水位和短吻鳄体形的相关信息。通过这些微小的移植金属片，研究人员也可以控制短吻鳄的体形和繁殖成功率。另一方面，美国短吻鳄还面临着对抗缅甸蟒蛇侵犯的重大挑战，后者是一种原与该栖息地无关的爬行动物，但是近年来开始在大沼泽地繁殖，使得不计其数的物种和 60 多万公顷的自然保护区的生态平衡面临着巨大的危险。人们通过实施一系列拓宽和保护栖息地的措施来确保短吻鳄的繁殖。近年来正在实施的一个计划是购买自然保护区周边的耕地，然后将其还原成湿地。这一保护区的扩大将利于物种保持良好的状态。这是因为，尽管没有灭绝的风险，但栖息地的流失仍然是物种面临的首要威胁。

▶ **大沼泽地：一个亟须保护的生态系统**
南佛罗里达的风景并不总是一成不变的。从 19 世纪开始，居民的迁入和农业的发展使当地出现了一些排水系统，水源利用也发生了一些变化，如灌溉用水。因此，绿河中数以万计的物种的栖息地逐渐减少。近几十年来人们开始意识到了保护这一大湿地的重要性。

Alligator sinensis
扬子鳄

体长：1.5~3 米
保护状况：极危
分布范围：长江、中国东部

扬子鳄只生活在长江和毗邻的湿地中，是世界上较小的鳄鱼之一，平均长2 米。

有时会在海拔 100 米的稻田中活动。成年扬子鳄重达 40 千克。吻部短且宽，外形强壮，嘴尖稍稍向上翘起。颌骨上有 76 颗牙齿，方便压碎和咬断猎物。其食物基本为带有硬壳的软体动物。

幼年扬子鳄身体呈黑色，有黄色条纹。在结构复杂的地下洞穴中冬眠 6~7个月，以躲避寒冷。其生活的温度鲜少低于 10 摄氏度。夏季交配。利用植物筑巢。7~8 月在巢穴中孵化 10~50 枚卵。

眼部保护
眼睛上有骨质盾甲。

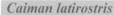

腹部鳞片
鳞片骨化。

保护

据统计，野生扬子鳄的数目低于 200 只，其中大部分生活在中国安徽省 433 平方千米的自然保护区内。

Caiman yacare
巴拉圭凯门鳄

体长：2~3 米
保护状况：无危
分布范围：南美洲中部

巴拉圭凯门鳄是分布最偏南的一种凯门鳄。大部分群体栖息于巴西的大沼泽地和阿根廷的伊维拉河滩，偏爱开阔的水域，和其近亲南美凯门鳄相比，它们生活在更深的水域。经常在浮生植物等水生植物丛附近生活。

背部趋于黑色，又长又窄，下颌骨、体侧和尾巴上有明显的斑点。

主要以蜗牛、其他软体动物、甲壳类动物和鱼类为食。夏初开始交配，雄性会为异性而竞争。雌性在巢穴中可产 20~40 枚卵，在孵化期时，负责保护卵。

Caiman latirostris
南美宽吻鳄

体长：1.5~3.5 米
保护状况：无危
分布范围：南美洲东南部

南美宽吻鳄因其面部特点而得名。中等体形，有明显的性别差异：雌性比雄性体形小很多，雄性体重可达 90 千克，长达 3 米多。一般栖居于水生植物丰富的各种湿地中，甚至是红树林沼泽。可以承受一定程度的盐性。体色由深绿色逐渐变为黑色，特别是分布区南部的南美宽吻鳄体色更是如此。它们可以很好地适应冬季相对较低的气温，白天会晒几小时的太阳，以调节自身体温。

捕食蜗牛等软体动物、甲壳类动物，偶尔也会吃其他爬行动物、两栖动物和小型哺乳动物。交配期因地区的不同而有所差别。雌性在巢中平均产 40 枚卵，并孵化 63~70 天。和其他种类不同，雌雄共同孵卵并照顾幼鳄几个月。

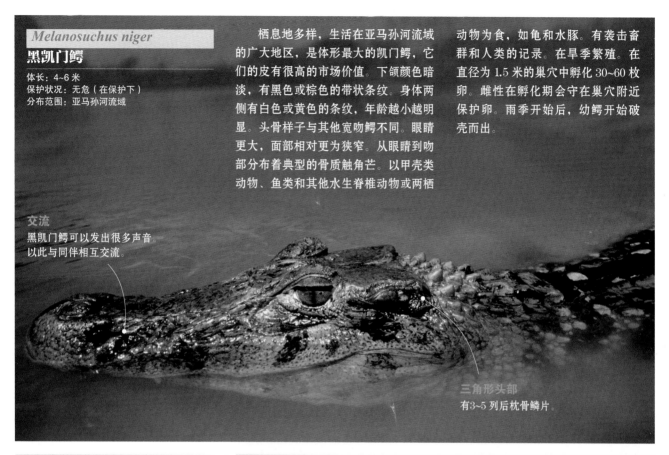

Melanosuchus niger
黑凯门鳄
体长：4~6米
保护状况：无危（在保护下）
分布范围：亚马孙河流域

栖息地多样，生活在亚马孙河流域的广大地区，是体形最大的凯门鳄，它们的皮有很高的市场价值。下颌颜色暗淡，有黑色或棕色的带状条纹。身体两侧有白色或黄色的条纹，年龄越小越明显。头骨样子与其他宽吻鳄不同。眼睛更大，面部相对更为狭窄。从眼睛到吻部分布着典型的骨质触角芒。以甲壳类动物、鱼类和其他水生脊椎动物或两栖动物为食，如龟和水豚。有袭击畜群和人类的记录。在旱季繁殖。在直径为1.5米的巢穴中孵化30~60枚卵。雌性在孵化期会守在巢穴附近保护卵。雨季开始后，幼鳄开始破壳而出。

交流
黑凯门鳄可以发出很多声音以此与同伴相互交流。

三角形头部
有3~5列后枕骨鳞片。

Caiman crocodilus
眼镜凯门鳄
体长：1.5~3米
保护状况：无危
分布范围：墨西哥南部到南美洲中北部

眼镜凯门鳄偏爱水流较小的水域，常在河流和沼泽活动。有时也能在一些咸水区发现它们的身影。雌性体形比雄性小。成年眼镜凯门鳄呈橄榄色或黑色，并有黄色和黑色的带状条纹。幼鳄的体色更黄。面部狭长，当嘴巴合上时，第4颗牙齿不可见。眼睛前面有骨质的触角芒，故名眼镜凯门鳄。

成年眼镜凯门鳄以鱼类、两栖动物、爬行动物和水鸟为食。在雨季进行繁殖。雄性、雌性都会和不同的伴侣进行交配。在交配期，雄性会变得好斗，同伴之间会互相竞争。雌性在巢穴中产40枚卵。经过65~104天的孵化之后，幼鳄出生。后代会同父母共同生活一年半。

Paleosuchus palpebrosus
钝吻古鳄
体长：1.2~1.6米
保护状况：无危
分布范围：南美洲

眼睛的颜色
大部分呈棕色，但是有个别钝吻古鳄的瞳孔为金色。

体色
下颌骨有白色带状条纹

同科中体形最小的凯门鳄。偏爱亚马孙河与奥里诺科河流域清澈透明的河水。常在有岩石层的河流中活动，可以在岩石上休息。经常独居或者与伴侣同居。背部和腹部的皮肤已经严重骨化。这一铠甲既可以保护它们免遭捕猎者的袭击，也可以避免急流对其身体的伤害。幼鳄呈棕色，身体上有白色的带状条纹，成年后，体色更深。头部样子和其他种类有所不同：短、柔软且凹陷。用淤泥和杂草筑巢，巢穴常位于非常隐蔽的地方。90天的孵化期之后，有10~25只幼鳄出生。在这一阶段，父母会帮助它们，并将刚出生的幼鳄运到水中。幼鳄以无脊椎动物为食，如甲壳类动物、鞘翅目昆虫和一些鱼类。

图书在版编目（CIP）数据

国家地理动物百科全书.爬行动物.蜥蜴·鳄鱼/西班牙Sol90出版公司著；董青青译.-- 太原：山西人民出版社，2023.3

ISBN 978-7-203-12487-0

Ⅰ.①国… Ⅱ.①西… ②董… Ⅲ.①爬行纲—青少年读物 Ⅳ.① Q95-49

中国版本图书馆 CIP 数据核字 (2022) 第 244670 号

著作权合同登记图字：04-2019-002

国家地理动物百科全书. 爬行动物. 蜥蜴·鳄鱼

著　　者：西班牙 Sol90 出版公司
译　　者：董青青
责任编辑：李　鑫
复　　审：崔人杰
终　　审：贺　权
装帧设计：吕宜昌

出 版 者：山西出版传媒集团·山西人民出版社
地　　址：太原市建设南路 21 号
邮　　编：030012
发行营销：0351-4922220　4955996　4956039　4922127（传真）
天猫官网：https://sxrmcbs.tmall.com　电话：0351-4922159
E-m a i l：sxskcb@163.com 发行部
　　　　　sxskcb@126.com 总编室
网　　址：www.sxskcb.com

经 销 者：山西出版传媒集团·山西人民出版社
承 印 厂：北京永诚印刷有限公司

开　　本：889mm×1194mm　1/16
印　　张：5
字　　数：217 千字
版　　次：2023 年 3 月　第 1 版
印　　次：2023 年 3 月　第 1 次印刷
书　　号：ISBN 978-7-203-12487-0
定　　价：42.00 元